Olusola Odutayo
Olajide Sogunle

# Vitaminas suplementares e variação do período de administração em frangos de carne

AF625258

Olusola Odutayo
Olajide Sogunle

# Vitaminas suplementares e variação do período de administração em frangos de carne

ScienciaScripts

**Imprint**
Any brand names and product names mentioned in this book are subject to trademark, brand or patent protection and are trademarks or registered trademarks of their respective holders. The use of brand names, product names, common names, trade names, product descriptions etc. even without a particular marking in this work is in no way to be construed to mean that such names may be regarded as unrestricted in respect of trademark and brand protection legislation and could thus be used by anyone.

Cover image: www.ingimage.com

This book is a translation from the original published under ISBN 978-620-2-06733-1.

Publisher:
Sciencia Scripts
is a trademark of
Dodo Books Indian Ocean Ltd. and OmniScriptum S.R.L publishing group

120 High Road, East Finchley, London, N2 9ED, United Kingdom
Str. Armeneasca 28/1, office 1, Chisinau MD-2012, Republic of Moldova, Europe
Printed at: see last page
**ISBN: 978-620-7-92869-9**

Copyright © Olusola Odutayo, Olajide Sogunle
Copyright © 2024 Dodo Books Indian Ocean Ltd. and OmniScriptum S.R.L publishing group

# ÍNDICE DE CONTEÚDO

# RESUMO

As vitaminas são micro-nutrientes que melhoram as funções metabólicas necessárias para as funções fisiológicas normais. Utilizou-se um total de 330 pintos de um dia não vacinados (contra a doença de Newcastle) para investigar a influência das vitaminas e dos diferentes períodos de administração no desempenho e nos títulos de anticorpos de frangos de carne vacinados contra a doença de Newcastle durante 8 semanas. As aves foram criadas coletivamente com um dia de idade e 30 do total de aves foram seleccionadas aleatoriamente para determinar o título de anticorpos derivados da mãe contra a doença de Newcastle (ND). Ao segundo dia de idade, os restantes 300 pintos foram divididos por equalização do peso em dez grupos de tratamento e replicados três vezes (dez aves por réplica). Os dez tratamentos consistiram em cinco suplementos vitamínicos: controlo, vitaminas A (0,45 mg/kg), C (50 mg/kg), E (9,1 mg/kg) e combinação de vitaminas A+C+E (0,15+16,67+3,03 mg/kg); e dois períodos de administração de vitaminas (3 dias antes e depois da vacinação contra a doença de Newcastle) numa disposição fatorial. As vacinas contra a doença de Newcastle foram administradas por via intraocular (Hitchner B1) e oral (Lasota) aos $5^{th}$ e $24^{th}$ dias de idade, respetivamente. Os dados obtidos sobre o desempenho do crescimento, os parâmetros hematológicos, os títulos de anticorpos contra a doença de Newcastle, as características da carcaça e as qualidades da carne foram submetidos a uma análise de variância num modelo completamente aleatório. A suplementação com vitaminas resultou em pesos corporais finais significativamente mais elevados ($p<0,05$) de 1821,71 e 1785,00 g/ave nas aves alimentadas com dietas suplementadas com vitaminas A e com as vitaminas combinadas (A+C+E). Obteve-se um melhor rácio de conversão alimentar de 2,89 nas aves alimentadas com a dieta suplementada com vitaminas combinadas (A+C+E). Os índices sanguíneos revelaram diferenças significativas ($p<0,05$), com valores mais elevados de MCV e MCH (146,31 fl e 48,96 pg) registados nas aves alimentadas com uma dieta suplementada com vitamina C às $14^{t}$ h dia pós

Hitchner B1. A suplementação dietética com vitaminas A três dias antes da vacinação resultou em maior Hb (9,70 g/dl) e MCHC (35,28 g/dl), enquanto a suplementação dietética com vitamina C três dias após a vacinação resultou em maior Hb (9,60 g/dl) aos $14^{th}$ dias após a Lasota. As aves alimentadas com uma dieta suplementada com vitamina A três dias antes da vacina B1 apresentaram um título de anticorpos séricos contra a ND significativamente ($p<0,05$) mais elevado (75,20). Foi registado um título de anticorpos séricos significativamente ($p<0,05$) mais elevado (741,33) nas aves alimentadas com uma dieta suplementada com vitamina E, três dias após o Lasota. Os pesos vivo e depenado foram significativamente ($p<0,05$) mais elevados (1865,00 e 1779,50 g) nas aves alimentadas com dietas suplementadas com vitamina A, três dias antes da vacinação contra a doença de Newcastle. As vitaminas suplementares e o período de administração influenciaram ($p<0,05$) a composição da carne dos frangos de carne, com teores mais elevados de humidade (68,10 %), proteína bruta (26,61 %) e NFE (6,14 %) obtidos nas aves alimentadas com dietas suplementadas com vitamina A, vitaminas combinadas (A+C+E) e vitamina C três dias antes da vacinação, respetivamente. Este estudo concluiu que a suplementação dietética com vitamina A aumentou o peso corporal final, a suplementação com vitaminas C melhorou os parâmetros hematológicos (MCV e MCH); a suplementação dietética pré-vacinação com vitamina A melhorou os pesos vivo e depenado, enquanto a suplementação dietética pré-vacinação com vitamina combinada A+C+E e vitamina C melhorou a composição da carne (proteína bruta e NFE). A suplementação com vitaminas A e E influenciou positivamente a produção de anticorpos contra a vacinação contra a ND em frangos de carne.

## DEDICAÇÃO

Esta dissertação é dedicada a Deus Todo-Poderoso, aquele que torna todas as coisas possíveis.

## RECONHECIMENTO

Acima de tudo, agradeço a Deus o facto de ter preservado a minha vida até à conclusão deste estudo; foi a sua graça suficiente até agora.

Os autores gostariam de agradecer o apoio incondicional, as críticas positivas e a contribuição do Dr. O.A Adeyemi e do Dr. A. O. Sonibare para garantir o sucesso do estudo. S.S. Abiola, ao Prof. A. B. J. Aina e ao Prof. A. O. Fanimo, os nossos mentores académicos e professores, sobre cujos ombros repousam os nossos sucessos académicos até ao momento.

A Sr.ª. V.T. Ajibode agradece o seu amor, carinho, compreensão e encorajamento sem reservas durante todo o período deste estudo.

# CAPÍTULO 1

## 1.1 INTRODUÇÃO

A produção de frangos de carne é de grande importância económica na Nigéria, devido ao seu papel no fornecimento de produtos alimentares valiosos, especialmente proteína animal (carne), à população em crescimento e a uma fonte de rendimento para os produtores. O ciclo de produção curto, a elevada eficiência de utilização dos alimentos e a elevada biomassa por unidade de terreno agrícola tornam os frangos de carne particularmente atractivos para o sistema de produção da Nigéria (Ayo *et al.,* 1996). Apesar do enorme potencial da produção de frangos de carne na resolução de muitos problemas socioeconómicos na Nigéria, esta continua a ser confrontada com o grande desafio das doenças infecciosas, que levaram à redução da capacidade de produção. Uma dessas doenças é a doença de Newcastle, uma doença viral altamente contagiosa que ataca muitas espécies de aves domésticas e selvagens (Al-Garib *et al.,* 2003). A doença causa elevadas perdas económicas devido à elevada mortalidade, ao stress, à redução da produção de ovos e da capacidade de eclosão (Alexander, 2003). A medida de controlo eficaz contra o vírus da doença de Newcastle é a vacinação, associada a técnicas de gestão que contribuem para o seu sucesso. A vacinação é a administração de vacinas, que são preparações antigénicas com o objetivo de estimular a resposta imunitária do recetor, que protege contra a infeção por organismos virais, bacterianos ou protozoários. Sabe-se que a vacinação melhora o estado imunitário contra agentes infecciosos; são utilizadas técnicas de gestão para aumentar a eficácia da vacina na prevenção da falha da resposta imunitária. Um bom exemplo é a utilização de vitaminas antes da vacinação como anti-stress e estimulante da resposta imunitária.

As vitaminas são componentes essenciais de uma dieta bem equilibrada e a sua principal função envolve o metabolismo e a utilização de nutrientes. De acordo com Bourre e Galea (2006), as vitaminas actuam como co-factores em várias funções metabólicas na reação imunitária e são necessárias para uma saúde óptima e funções fisiológicas normais, como o crescimento, o desenvolvimento, a manutenção e a reprodução, cuja deficiência na dieta pode causar uma diminuição da imunidade.

A vitamina A promove respostas de anticorpos a antigénios dependentes de células T (Catharine, 2012) e aumenta a imunidade protetora através de mecanismos como a indução da diferenciação celular e o aumento da migração para os gânglios linfáticos (Mullin, 2011).

A vitamina C é importante para o funcionamento ótimo do sistema imunitário. Tem uma atividade virucida e bactericida direta contra um certo número de agentes patogénicos *in vitro;* também melhora as células bursais infectadas com a doença de Newcastle (Siegel, 1987). Um relatório de Thaxton e Siegel (1972) mostrou que, após a infeção com o vírus da doença infecciosa da bursa, a vitamina C protegia os tecidos biológicos imunitários das aves em crescimento e reduzia a mortalidade. A vitamina C é também um antioxidante.

A vitamina E tem uma série de funções diferentes mas relacionadas. Um dos seus papéis inclui a sua utilização como antioxidante intracelular (Tappel, 1970). Foi referida como um excelente antioxidante biológico de quebra de cadeias que protege as células e os tecidos dos danos lipoperoxidativos induzidos pelos radicais livres (Yu, 1994). Além disso, também protege as células envolvidas na resposta imunitária, **tais** como linfócitos, macrófagos e células plasmáticas, contra danos oxidativos e melhora as funções destas células (Meydani e Beharka, 1998; Konjufca *et al.*, 2004). Níveis elevados de inclusão de vitamina E aumentam a produção de anticorpos

(Gore e Qureshi, 1997; Hossain *et al.*, 1998). Rama-Rao *et al.* (2004) referiram que níveis geralmente mais elevados de vitaminas do que as recomendações do NRC (1994) para a prevenção de síndromes de deficiência melhorariam a resposta imunitária e contribuiriam para o desempenho produtivo das aves de capoeira. O objetivo deste estudo é investigar os efeitos de diferentes vitaminas como suplemento alimentar em relação aos períodos de administração sobre a resposta dos frangos de carne à vacinação contra a doença de Newcastle.

## 1.1 Justificação

Dada a crescente importância económica dos frangos de carne, é da maior importância compreender melhor os factores que podem melhorar a sua produção. Os frangos de carne, em comparação com outros animais domésticos, são mais susceptíveis a factores de stress resultantes de condições ambientais em constante mudança (Nolan *et al.,* 1999). A temperatura ambiente elevada reduz o consumo de ração, o ganho de peso e aumenta a taxa de mortalidade dos frangos de carne. Este facto vem juntar-se ao considerável nível de stress resultante da vacinação e de outras práticas de gestão. Uma possível abordagem para contrariar o impacto negativo destes factores de stress impostos pelo ambiente é o papel das vitaminas em níveis superiores às recomendações dietéticas para os sintomas de deficiência. Além disso, é digno de nota que muitas vitaminas podem perder-se durante a transformação, o armazenamento ou a exposição à luz solar, pelo que alguma quantidade de vitaminas adicionada aos alimentos pelos fabricantes comerciais de alimentos para animais pode não estar disponível antes de as aves terem acesso aos alimentos. Este facto reforça ainda mais a necessidade de suplementação vitamínica na produção avícola. Vários estudos consideraram a influência das vitaminas como suplemento alimentar para garantir a redução do nível de stress, uma melhor resposta imunitária, a eficácia da vacinação e, subsequentemente, a melhoria do desempenho produtivo das aves de capoeira.

Lin *et al.* (2006) referiram que a vitamina A é necessária para aumentar a imunidade das aves vacinadas através da produção de anticorpos e que a sua deficiência reduz a resposta imunitária e aumenta a suscetibilidade à infeção. Foi demonstrado que micronutrientes como as vitaminas A e C desempenham papéis vitais na resposta imunitária do hospedeiro (Karamouz *et al.*, 2010).

Na produção de frangos de carne na Nigéria, a vacinação é normalmente utilizada como uma medida preventiva fiável contra a doença de Newcastle, com a administração oral de multivitaminas disponíveis no mercado como adjuvante para melhorar a produtividade. No entanto, a utilização das vitaminas constituintes destas multivitaminas como suplemento alimentar pré ou pós-vacinação não é comum e pode ser investigada; isto ajudará a tomar decisões sobre as vitaminas adequadas que promoverão uma resposta imunitária relativamente melhor e um melhor desempenho dos frangos de carne.

## 1.2 Objetivo do estudo

Determinar os efeitos de diferentes suplementos vitamínicos e de diferentes períodos de administração no desempenho e no título de anticorpos de frangos de carne vacinados contra a doença de Newcastle.

# CAPÍTULO 2

## 1.2 REVISÃO DA LITERATURA

### 2.1 Produção de frangos de carne na Nigéria

A necessidade de proteínas animais nos países em desenvolvimento é crítica devido a um crescimento populacional díspar em relação à produção pecuária, o que tem consequências adversas para a segurança alimentar. O aumento da produção de aves de capoeira é reconhecido como um dos meios viáveis para satisfazer a procura crescente de proteínas animais. A produção de aves de capoeira, especialmente de frangos de carne, tem um enorme potencial para aumentar a oferta de proteínas na Nigéria. Este facto é atribuído às suas rápidas taxas de crescimento. As aves de capoeira também oferecem oportunidades de investimento a curto prazo, contribuindo assim para aumentar a disponibilidade de carne e melhorar o nível de vida das pessoas. O sector dos frangos de carne é uma das actividades rentáveis das empresas agrícolas. Está a proporcionar meios de subsistência a um grande número de pessoas em todo o mundo. A carne de frango está a contribuir com uma parte dominante para satisfazer as necessidades proteicas da dieta humana (Mustafa *et al.,* 2012). O consumo de carne de aves de capoeira aumentou em todo o mundo nos últimos 30 anos (Halevy *et al.*, 2006). Este aumento foi acompanhado por um desenvolvimento gradual da avicultura, que passou de uma ocupação secundária para uma empresa comercial que envolve milhões de aves nos trópicos (Oluyemi e Roberts, 2000). Um relatório de projectos patrocinados pela UNISPAR/UNESCO, realizado no Centro Nacional de Investigação e Desenvolvimento Energético, em Nsukka, Nigéria, sobre a criação de aves de capoeira mais saudáveis (NCERD, 2000), afirmava que cerca de 10% da população nigeriana está envolvida na produção de aves de capoeira de vários tamanhos e que esta é uma das vias que podem ser exploradas para aliviar e erradicar a pobreza. Por muito importante que a produção avícola seja para a nação, não está isenta dos seus próprios problemas. Entre os factores que influenciam a produção avícola na Nigéria contam-se o elevado custo dos alimentos para animais, as condições meteorológicas adversas, o desafio das doenças, as raças de fraco desempenho, a má gestão e a falta de capital adequado (Akpantaku, *et al.,* 1998). O problema das doenças infecciosas, como a doença de Newcastle, é um fator predominante que afecta negativamente o aumento da produção de frangos de carne na Nigéria.

### 2.2 Doença de Newcastle

A doença de Newcastle é uma infeção viral das aves de capoeira que causa enormes perdas na indústria avícola. Apesar dos avanços no diagnóstico e na vacinação contra a doença de Newcastle desde que foi descrita pela primeira vez em 1926, esta continua a afetar negativamente a produção avícola em todo o mundo (Alexander, 2003). As estirpes do vírus são agrupadas em cinco patogéneos com base nos sinais clínicos observados nas galinhas infectadas (Alexander e Senne, 2008). São eles: velogénico viscerotrópico (forma altamente patogénica em que se observam frequentemente lesões intestinais hemorrágicas), velogénico neurotrópico (mortalidade elevada, geralmente na sequência de sinais respiratórios e nervosos), mesogénico (sinais respiratórios, sinais nervosos ocasionais, mas baixa mortalidade), lentogénico (infeção respiratória ligeira ou subclínica), assintomático (consiste numa infeção entérica subclínica). No entanto, a doença só é causada pelas estirpes virulentas (lentogénicas) do *Paramixovírus* aviário serotipo 1, que é sinónimo do vírus da doença de Newcastle (OIE, 2012). A transmissão do vírus ocorre através de aves recentemente introduzidas, da venda de aves doentes, da exposição a excreções fecais e outras excreções de aves infectadas e do contacto com alimentos, água, equipamento e vestuário contaminados (Tu *et al.,* 1998). Os sintomas da infeção incluem: dificuldade respiratória (respiração ofegante e tosse), diarreia esverdeada, sinais neurológicos (queda das asas, arrastamento das pernas, torção da cabeça e do pescoço, andar em círculos, paralisia completa) e morte súbita.

## 2.3 Sistema imunitário das aves de capoeira

### 2.3.1 Imunidade inata e adaptativa

O sistema imunitário das aves é composto por muitas linhas de defesa para impedir a entrada de agentes patogénicos e a infeção. O sistema divide-se em dois tipos de imunidade: inata e adaptativa; a imunidade inata é constituída pelos instrumentos básicos que o sistema corporal utiliza para combater as infecções, incluindo barreiras físicas e químicas, proteínas do sangue e células fagocíticas. A pele, o epitélio da mucosa e as secreções gástricas são exemplos das barreiras físicas e químicas que os agentes patogénicos têm de contornar antes de entrarem no sistema corporal. A proteína do soro é um complemento que funciona com anticorpos para lisar determinadas células-alvo. Várias células sanguíneas têm funções fagocíticas, engolindo e removendo os agentes patogénicos, como é o caso dos macrófagos, heterófilos, trombócitos e células assassinas naturais. A imunidade inata é considerada a primeira linha de defesa (Erf, 2004; 2007).

A imunidade adaptativa assume o controlo quando a imunidade inata não consegue impedir o acesso de um agente patogénico invasor ao corpo de um animal. Envolve o reconhecimento de características moleculares específicas na superfície de um agente patogénico, resultando numa série de eventos destinados a eliminar esses agentes patogénicos e a estabelecer proteção contra desafios futuros. Esta proteção específica pode ser proporcionada quer por imunidade passiva quer por imunidade ativa. A imunidade passiva consiste nos anticorpos maternos que estão presentes no momento da eclosão, proporcionando proteção contra vários agentes patogénicos a que a galinha foi exposta ou contra os quais foi vacinada. A imunidade ativa é a imunidade que a ave desenvolve através da exposição a agentes patogénicos, quer por infeção natural quer por vacinação, e pode ainda ser dividida em imunidade humoral e imunidade mediada por células. Certos tipos de antigénios ou modificações de antigénios conduzem preferencialmente ao desenvolvimento de uma resposta mediada por células ou de imunidade humoral contra o antigénio (Erf, 2004). As células apresentadoras de antigénios, como os macrófagos, processam e apresentam um antigénio tanto aos linfócitos B como aos linfócitos T (Sharma, 1991). Estes dois tipos de linfócitos são as principais células responsáveis pela imunidade humoral e pela imunidade mediada por células.

### 2.3.2 Imunidade humoral

Os anticorpos são a unidade de base da imunidade humoral, segregados pelos plasmócitos, um tipo de linfócito B. Quando se encontram à superfície de uma célula B, estas moléculas são imunoglobulinas; após a secreção, são designadas por anticorpos. Os anticorpos encontram-se nos fluidos corporais e nos espaços tecidulares e são mais eficazes na eliminação de agentes patogénicos extracelulares. Reagem a proteínas de superfície de bactérias, parasitas ou vírus, ligando-se a características moleculares específicas do agente patogénico. Existem três classes de imunoglobulinas no sistema imunitário das aves: IgM, IgY e IgA (Lillehoj e Trout, 1996). A interação entre o anticorpo e o antigénio ativa os mecanismos de efeito que contribuem para a eliminação do agente patogénico. Estes mecanismos incluem a ativação da via clássica do complemento diretamente no antigénio; a preparação do antigénio para a fagocitose através de aglutinação ou precipitação; a neutralização do antigénio através da prevenção da entrada celular. Além disso, os anticorpos podem ligar-se a antigénios expressos na superfície externa das células infectadas, desencadeando células citotóxicas para eliminar células infectadas ou neoplásicas, num processo conhecido como citotoxicidade celular dependente de anticorpos. Existem dois tipos de linfócitos nas aves, a saber Linfócitos B e Linfócitos T. As letras associadas a cada tipo representam o local de diferenciação - B na Bursa de Fabricius e T no timo. Os linfócitos B estão mais associados à imunidade humoral, enquanto as células T são as células primárias activas na imunidade mediada por células (Qureshi, *et al.,* 1998). Os linfócitos B têm origem no sistema linfoide

folículos da bursa. Nos folículos da bursa, as células progenitoras passam por um processo conhecido como conversão genética, criando uma multiplicidade de células filhas, cada uma capaz de reconhecer antigénios individuais (Ratcliffe, 1989). As células amadurecem, proliferam e diferenciam-se para formar células plasmáticas ou células de memória. Estes dois tipos de células produzem anticorpos que funcionam para aglutinar ou neutralizar antigénios e são a base da proteção materna.

### 2.3.3 Imunidade mediada por células

A imunidade mediada por células ajuda a prevenir as células contra antigénios endógenos e agentes patogénicos intracelulares, é o aspeto funcional do sistema imunitário aviário que funciona para destruir a célula infetada ou entrar na célula para eliminar o antigénio (Erf, 2004). Exemplos comuns de respostas iniciadas pela imunidade mediada por células incluem: ativação de macrófagos, lise celular por linfócitos T citotóxicos e células assassinas naturais, todas mediadas por citocinas libertadas por células T helper ou outras células. As citocinas são mensageiros químicos que coordenam as interacções entre as células imunitárias como uma das suas funções extensivas. As citocinas são estimuladores cruciais da iniciação e manutenção da resposta imunitária e desempenham um papel como moléculas efectoras para influenciar a duração e a força da resposta (Kogut, 2000). Os linfócitos T são as células específicas do antigénio na resposta mediada por células, capazes de reconhecer uma vasta gama de agentes patogénicos. Os linfócitos T são ainda caracterizados pelo seu papel, marcadores de superfície celular e receptores de células T. Todas as células T expressam um complexo $CD+^3$ na sua superfície celular, independentemente do recetor de células T presente. As células T auxiliares são normalmente identificadas por marcadores de superfície $CD+^4$ , desempenhando principalmente um papel regulador na imunidade adaptativa, tanto mediada por células como humoral. As células T helper activam os macrófagos através da secreção de citocinas e estimulam o crescimento e a diferenciação das células B.

Os linfócitos T citotóxicos podem ser identificados por terem tipicamente CD na sua superfície e são importantes na lise de células infectadas por vírus e células tumorais (Erf, 2004). Quando uma das classes de linfócitos é estimulada por um antigénio, ocorre a proliferação ou diferenciação em células efectoras e de memória. As células de memória são chamadas quando o mesmo antigénio é encontrado novamente, diferenciando-se rapidamente em células efectoras para remover prontamente o antigénio. A produção de uma grande variedade de células de memória específicas do antigénio é a base dos conceitos de proteção contra doenças e vacinação (Erf, 2004; Scott, 2004).

### 2.3.4 Células imunitárias não específicas

Vários outros tipos de células desempenham papéis importantes na imunidade inata e adaptativa. As mais significativas são as células assassinas naturais, os macrófagos e os heterófilos. As células assassinas naturais são células citotóxicas não linfocitárias e não macrófagas que são importantes para a lise de células infectadas por vírus e células tumorais. Estas células são importantes para completar a citotoxicidade celular dependente de anticorpos. As células assassinas naturais podem ser encontradas no baço, no sangue periférico, no timo, na bursa e no intestino. Estas células distinguem-se das células T citotóxicas porque não possuem moléculas de reconhecimento de antigénios específicos na sua superfície; por conseguinte, são classificadas como fazendo parte da imunidade inata (Erf, 2004). Os macrófagos são uma parte do sistema fagocítico mononuclear que desempenha um papel importante tanto na imunidade inata como na adaptativa. Os macrófagos são formas tecidulares dos monócitos do sangue, que começam a diferenciar-se na medula óssea (Qureshi *et al.*, 1998; 2003). Os macrófagos engolfam bactérias ou glóbulos vermelhos moribundos através da fagocitose. Uma vez internalizado num fagossoma, o macrófago contém lisossomas que se fundem com o fagossoma para matar as bactérias. Após a degradação, os macrófagos apresentam os péptidos bacterianos às células imunitárias, linfócitos B ou T, desempenhando um outro papel como células apresentadoras de antigénios. A capacidade dos macrófagos e dos linfócitos de estimularem as funções uns dos outros constitui um importante mecanismo de amplificação da imunidade específica (Erf, 2004). Os heterófilos são considerados equivalentes aos neutrófilos dos mamíferos, uma vez que são altamente eficientes na fagocitose e na morte de bactérias. Estas células respondem rapidamente a estímulos quimiotácticos e são frequentemente as primeiras células encontradas nas respostas inflamatórias. Os heterófilos são células efectoras da imunidade humoral e parecem ser as principais células efectoras tanto na citotoxicidade dependente de anticorpos como na citotoxicidade natural (Harmon, 1998).

## 2.4 Vacinação na produção avícola

Os sistemas de produção de aves de capoeira são diferentes, indo desde a agricultura rural até sistemas altamente industrializados e verticalmente integrados. A produção intensiva de aves de capoeira é mais comum nos países desenvolvidos, mas, nas últimas décadas, muitos países em desenvolvimento também adoptaram este sistema para satisfazer a procura crescente de proteínas animais. No entanto, o risco de transmissão de certas doenças das aves de capoeira a zonas anteriormente não afectadas aumentou devido à possível persistência e propagação de agentes patogénicos através de aves domésticas e selvagens. A distribuição generalizada da doença de Newcastle e as epidemias de gripe aviária que ocorreram nos últimos dez anos são exemplos do impacto negativo dessas doenças no sector da produção avícola e na sociedade em geral (Leslie, 2000; FAO, 2006). Podem ser aplicadas diferentes estratégias para prevenir e controlar eficazmente a propagação de doenças animais a nível internacional, nacional e das explorações. Os planos de controlo das doenças das aves de capoeira incluem frequentemente a utilização da vacinação. A vacinação é praticada para proporcionar um certo grau de proteção contra as doenças. Os antigénios estimulam o sistema imunitário da ave, que responde eficazmente na prevenção de perdas devidas a infecções. As vacinas são uma componente importante da prevenção e do controlo das doenças das aves de capoeira em todo o mundo. Também se sabe que melhoram o desempenho produtivo das aves, tais como: conversão alimentar, ganho de peso corporal e uniformidade (Butcher *et al.*, 2011).

## 2.5 Influência da nutrição no estado imunitário das aves de capoeira

Os nutrientes desempenham um papel importante na proteção do hospedeiro contra os agentes patogénicos invasores. As deficiências de nutrientes podem afetar a função imunitária, geralmente de forma negativa. Certos nutrientes são capazes de modular a função do sistema imunitário através de uma variedade de mecanismos. Os nutrientes são necessários para fornecer os blocos de construção das células e tecidos imunitários. Isto inclui mecanismos não específicos como a pele, que apresenta uma barreira física aos agentes patogénicos, bem como células como os linfócitos T e B, macrófagos e células assassinas naturais. Vários nutrientes são especialmente importantes no desenvolvimento precoce do sistema imunitário. Os níveis de vitamina A necessários para maximizar a imunocompetência demonstraram ser muito mais elevados do que os necessários para um crescimento e uma eficiência alimentar óptimos (Sklan *et al.*, 1994; Friedman e Sklan, 1997). Outros nutrientes que podem afetar o desenvolvimento imunitário precoce são o ácido linoleico, o ferro, o selénio e algumas das vitaminas B (Klasing, 1998). Grande parte do desenvolvimento dos tecidos imunitários ocorre no final da incubação e no início da vida. Foi identificado que as vitaminas A, D e E têm todas um papel regulador no sistema imunitário (Cook, 1991).

## 2.6 Efeitos da vitamina A no desempenho produtivo das aves de capoeira

A vitamina A é um micronutriente essencial durante todo o ciclo de vida das aves de capoeira. A carência de vitamina A na alimentação diminui o desempenho, causa infertilidade ou prejudica a reprodução (Clagett-Dame e DeLuca 2002) e deprime as respostas dos linfócitos T e a produção de anticorpos nas aves de capoeira. Clagett-Dame e DeLuca (2002) afirmaram que a suplementação de vitamina A na dieta poderia evitar a inibição do desempenho de crescimento em aves de capoeira que, de outra forma, sofreriam uma deficiência desta vitamina. O National Research Council (1987) recomendou uma dose de 3 000 UI/kg de vitamina A para as aves de capoeira e indicou que a dose máxima tolerável para as galinhas poedeiras é de 40 000 UI/kg. Estudos anteriores mostraram que dietas suplementadas com altos níveis de vitamina A acima da recomendação do NRC não tiveram efeito significativo sobre o desempenho de postura de galinhas poedeiras em condições normais (Coşkun *et al.*, 1998; Mendonça Jr, *et al.*, 2002). No entanto, dietas que incluíam doses mais altas de vitamina A do que a recomendação do NRC melhoraram o desempenho de postura de galinhas sob stress térmico (Lin *et al.*, 2002). A vitamina A pode ser eficientemente armazenada no fígado e na gema das aves, e desempenha um papel tanto na biologia da ave adulta como no desenvolvimento do embrião (O'Byrne e Blaner, 2013). Pode ser facilmente destruída no processamento e armazenamento de alimentos para animais. Normalmente, 10.000-15.000 UI/kg de vitamina A são suplementados em rações comerciais para frangos de corte ou reprodutores. Níveis mais altos de vitamina A (210.000 a 410.000 UI/kg) diminuíram a produção de ovos, o tamanho e a eclodibilidade em galinhas poedeiras (March *et al.*, 1972). A vitamina A pode interferir com a absorção de outras vitaminas lipossolúveis e sabe-se que diminui a deposição de α-tocoferol na gema do ovo (Jiang *et al.*, 1994; Surai *et al.*, 1998). A ingestão excessiva de vitamina A resultou em malformações congénitas durante o desenvolvimento embrionário e também teve um efeito tóxico no fígado dos frangos de carne

(McCuaig e Motzok, 1970). A suplementação excessiva com vitamina A pode aumentar o risco de fracturas ósseas ao esgotar a vitamina D (Caire-Juvera *et al.*, 2009) e tem um efeito prejudicial na função imunitária das aves (Freidman *et al.*, 1991).

Veltmann *et al.* (1986) referiram que as aves podiam tolerar até 30 vezes o nível recomendado de vitamina A sem mostrarem um desempenho comprometido ou danos no desenvolvimento do esqueleto, medidos pelas cinzas ósseas. Lessard *et al.* (1997) verificaram que os títulos de anticorpos contra o vírus da doença de Newcastle aumentavam significativamente quando as galinhas poedeiras consumiam 1 500 a 15 000 UI/kg de vitamina A *ad libitum*.

Leutskaya e Fais (1977) demonstraram que o teor de anticorpos em frangos dependia da dose de vitamina A na dieta. Nas aves alimentadas com uma dose elevada de vitamina A na dieta, verificou-se que o teor de anticorpos no soro era até 5 vezes superior ao das aves alimentadas com a dieta de controlo. Numa investigação adicional, verificou-se que o crescimento da bursa e do timo era prejudicado em pintos alimentados com uma dieta sem vitamina A. Uma deficiência parcial de vitamina A afectou negativamente o peso relativo da bursa, mas não o do timo (Davis e Sell, 1983). Também as respostas proliferativas dos linfócitos T diminuíram com baixas doses de vitamina A e aumentaram com doses elevadas de vitamina A (Sklan *et al.*, 1989). A carência de vitamina A, mas também o excesso a longo prazo, causou uma diminuição da resposta imunitária, como demonstrado pela produção de anticorpos e pela proliferação de linfócitos T *in vitro*. Em contraste com os efeitos do excesso de vitamina a longo prazo, um grande bólus de vitamina A não causou uma diminuição da resposta imunitária e até restaurou as funções imunitárias normais em pintos previamente privados de vitamina A (Friedman e Sklan, 1989). O excesso ou a insuficiência de vitamina A levou a um aumento da suscetibilidade dos pintos à infeção por *E. coli*, que foi acompanhada por respostas imunitárias deprimidas. Os pintos que receberam excesso de vitamina A também foram mais sensíveis à *E. coli* do que os pintos com falta de vitamina A. Em contraste com os pintos que receberam vitamina A em excesso, as respostas dos linfócitos T dos pintos com carência de vitamina A atingiram níveis semelhantes aos das aves com carência de vitamina A com um certo período de atraso, indicando uma resposta imunitária retardada (Friedman *et al.*, 1991). Em pintos sem adição de vitamina A na dieta, a produção de anticorpos e a resposta proliferativa contra o *Mycobacterium tuberculosis* foram deprimidas em comparação com os pintos que receberam vitamina A. As respostas imunitárias foram maximizadas com vitamina A na dieta até a dieta conter 6.660 microgramas/kg, acima do qual as respostas diminuíram (Sklan *et al.*, 1994). Utilizando o vírus da doença de Newcastle (NDV) em frangos de carne, observou-se que tanto as respostas imunitárias humorais como celulares eram moduladas pela vitamina A da dieta, sugerindo que os frangos deficientes em vitamina A desenvolviam uma resposta imunitária T helper (Th) 2, enquanto que os frangos alimentados com uma dieta altamente enriquecida com vitamina A mostravam uma resposta imunitária Th1 (Lessard *et al.*, 1997). Nos perus, o efeito da vitamina A da dieta na produção de anticorpos e na resposta proliferativa das células T foi determinado após a imunização com vacinas contra o NDV e a varíola dos perus. Os perus que receberam a dieta sem adição de vitamina A morreram aos $22^{n}$ dias de idade e tinham concentrações muito baixas de vitamina A no plasma e no fígado. O aumento das concentrações de vitamina A na dieta melhorou a resposta proliferativa, bem como os títulos de anticorpos contra o NDV e a varíola dos perus até a dieta conter 6,0 microgramas/g, acima dos quais a resposta começou a diminuir (Sklan *et al.*, 1995). Em galinhas poedeiras, Coskun *et al.* (1998) investigaram níveis dietéticos de até 24 000 UI de vitamina A por kg durante um ano, mas não conseguiram registar quaisquer efeitos benéficos nos vários parâmetros da resposta imunitária. Em contrapartida, um nível elevado de vitamina A na alimentação (12 000 UI/kg) aumentou o título de anticorpos contra o NDV em galinhas sujeitas a stress térmico (Lin *et al.*, 2002).

## 2.7 Efeito da vitamina C no desempenho produtivo das aves de capoeira

A vitamina C ou ácido ascórbico é um antioxidante, normalmente sintetizado pela galinha (Khan, 2011). Tem um papel metabólico importante devido às suas propriedades redutoras e à sua função de dador de electrões. A biossíntese de ácidos ascórbicos em aves e mamíferos ocorre no fígado e nos rins (Elkheir *et al.,* 2008). O ácido ascórbico não é um nutriente essencial para as aves de capoeira porque estas possuem a enzima gulonolactona oxidase, necessária para a biossíntese da vitamina, que não existe no ser humano e em algumas outras espécies (Lin *et al.,* 2006; Khan, 2011). Por conseguinte, o NRC não estabeleceu qualquer requisito recomendado de ácido ascórbico para as aves (NRC, 1994). No entanto, tem sido recomendado em aves de capoeira como suplemento para aliviar o stress, com base no pressuposto de que, durante o stress, as necessidades podem exceder a capacidade de síntese (Gous e Morris, 2005). Os factores de stress fisiológico como o calor, as doenças ou a sobrelotação podem aumentar as necessidades de ácido ascórbico das galinhas (Nockels, 1984). Além disso, as temperaturas ambiente elevadas prejudicam a absorção de ácido ascórbico e aumentam as necessidades dietéticas desta vitamina (Klasing, 1998). Além disso, as galinhas necessitam de ácido ascórbico para o metabolismo dos aminoácidos e dos minerais, bem como para a síntese de hormonas como a testosterona (McDowell, 1989). O ácido ascórbico está envolvido na produção de glóbulos brancos, melhorando assim o estado imunitário das aves. Em frangos de carne, Sahin e Kucuk (2001) relataram que a suplementação de ácido ascórbico (250 mg/kg de dieta) aumentou o desempenho e produziu uma melhor qualidade da carcaça em aves criadas em condições de stress térmico ($32^{0}$ C). Attai *et al.* (2009) referiram que, a um nível de 250 mg/kg de ácido ascórbico, as aves foram aliviadas do efeito negativo do stress térmico e aumentaram o consumo de ração, a digestibilidade das proteínas e a percentagem de preparação. Bashir *et al.* (1998) registaram títulos elevados de hemaglutinação em frangos de carne vacinados contra a doença de Newcastle, sujeitos a stress térmico, em resposta a um suplemento de ácido ascórbico.

## 2.8 Efeito da vitamina E no desempenho produtivo das aves de capoeira

A vitamina E, uma vitamina lipossolúvel de origem vegetal, é essencial para a integridade e o funcionamento ótimo dos sistemas reprodutor, muscular, circulatório, nervoso e imunitário. É muito provável que a vitamina E, tal como outros factores nutricionais, afecte o desenvolvimento e a manutenção da imunocompetência através de múltiplas funções, actuando diretamente sobre a célula imunitária ou alterando indiretamente os parâmetros metabólicos e endócrinos, que por sua vez influenciam a função imunitária (Gershwin *et al.*, 1985). O principal mecanismo da bioatividade da vitamina E está associado ao seu potencial antioxidante na redução da patologia induzida pelos radicais livres durante o stress metabólico normal e o desafio imunitário. Ao controlar a produção de radicais livres, a vitamina E afecta os eventos de transdução de sinais mediados por radicais livres e, em última análise, modula a expressão genética causada pela sinalização dos radicais livres (Packer e Suzuki, 1993). A vitamina E é também muito importante na prevenção da peroxidação dos ácidos gordos (Benedich, 1990). Os ácidos gordos podem atuar como moléculas imuno-reguladoras que medeiam a comunicação celular, a fluidez das membranas e a elaboração de segundos mensageiros (Watkins, 1991; Klasing, 1997). A vitamina E tem recebido muita atenção no que diz respeito à sua importância para a resposta imunitária das aves de capoeira. Parece ser um "reforço" do sistema imunitário que tende a exercer um efeito complementar no sistema imunitário através da inibição da síntese de prostaglandinas. Estas prostaglandinas são produzidas nas células após a oxidação das membranas celulares e são responsáveis pela inibição da inflamação e da resposta imunitária. Leshchinsky e Klasing (2001) mostraram que a suplementação de dietas de frangos de carne com vitamina E a 25 a 50 UI/kg de dieta não era imunomoduladora e que níveis mais elevados de suplementação de vitamina E na dieta eram menos eficazes.

Tengerdy *et al.* (1972) relataram uma resposta imunitária significativamente aumentada, medida pelo teste de células formadoras de placas de anticorpos ou por hemaglutinação em pintos e galinhas, suplementados com níveis dietéticos elevados de vitamina E. Verificou-se que os pintos e perus, infectados com *E. coli* e alimentados com vitamina E suplementar, tinham uma mortalidade reduzida e títulos de HA aumentados (Nockels, 1979). Também se demonstrou que a vitamina E induzia uma maior produção de anticorpos circulantes contra o vírus da doença de Newcastle (NDV) e a *Pasteurella anatipestifer*, após a vacinação de pintos de carne contra estes antigénios (Franchini *et al.*, 1986). Em frangos de carne imunizados contra o NDV, o nível mais elevado de vitamina E (300 ppm) em combinação com diferentes níveis de selénio resultou num aumento do ganho de peso corporal, numa taxa de conversão alimentar favorável, em títulos de anticorpos significativamente mais elevados e em melhores respostas imunitárias celulares (Swain *et al.*, 2000). Em galos alimentados com dietas que continham 10 ou 300 mg/kg de vitamina E, o rácio entre heterófilos e linfócitos aumentou e a resposta de hipersensibilidade cutânea dos basófilos foi deprimida pela alimentação com uma dieta suplementada com vitamina E mais elevada. O aumento do rácio entre heterófilos e linfócitos resultante da alimentação com vitamina E sugere uma capacidade fagocítica melhorada do sistema imunitário (Boa-Amponsem *et al.*, 2000). Outros relatórios mostraram ainda que a imunidade protetora é aumentada pela suplementação com vitamina E, como evidenciado pelo aumento da sobrevivência das galinhas contra *Escherichia coli, Brucella abortus, Pasteurella anatipestifer* (Tengerdy e Nockels, 1975), *Eimeria tenella* (Colnago *et al.*, 1984) e infecções pelo vírus da doença de Newcastle (Boren e Bond, 1996). Pelo contrário, vários estudos também estabeleceram a ausência de melhorias na resistência a doenças ou na imunocompetência devido à suplementação dietética com vitamina E. Por exemplo, a suplementação com vitamina E em excesso (30 e 150 UI/kg de dieta) das exigências do NRC (NRC, 1994) (10 UI/kg) prejudica a produção natural e induzida de anticorpos contra *E. coli* e o vírus da doença de Newcastle em pintos e perus (Friedman *et al.*, 1998). Qureshi *et al.* (1993) e Marsh *et al.* (1981) relataram que a suplementação de vitamina E (100 ou 250 IU/kg de dieta) não afectou a produção de anticorpos em pintos, embora tenha aumentado o número de macrófagos. Em pintos, Sell *et al.* (1997) não demonstraram efeitos benéficos da vitamina E da dieta (12 ou 300 UI/kg) na mortalidade e patologia induzida por *E. coli.* A oxidação lipídica é uma das principais causas da deterioração da qualidade da carne, uma vez que a oxidação dos ácidos gordos insaturados afecta a salubridade e o valor nutricional do produto cárneo (Pearson *et al.*, 1983). A oxidação lipídica é um fator determinante do prazo de validade da carne e dos seus produtos. As alterações bioquímicas pós-abate envolvidas na conversão do músculo em carne são acompanhadas de uma perda das defesas antioxidantes celulares e de uma maior propensão dos lípidos da carne para sofrerem oxidação (Morrisey *et al.*, 1994). Isto contribui para alterações indesejáveis num certo número de parâmetros de qualidade da carne. Os lípidos das aves de capoeira apresentam um grau de insaturação mais elevado do que os das carnes vermelhas, devido a um teor relativamente elevado de fosfolípidos (Igene e Pearson, 1979). O grau de insaturação dos fosfolípidos da membrana subcelular é um fator essencial que determina a estabilidade oxidativa das carnes, com um aumento do potencial oxidativo à medida que o grau de insaturação dos lípidos aumenta. A produção de carne, em particular de frango, com um perfil mais altamente insaturado tem sido objeto de alguma atenção, uma vez que tais carnes são vistas como sendo "mais saudáveis". A carne de aves de capoeira e os produtos à base de carne são susceptíveis de deterioração oxidativa; e a oxidação determina frequentemente o prazo de validade da carne. Os lípidos das membranas são protegidos contra o ataque oxidativo por uma série de antioxidantes naturais, incluindo os antioxidantes de quebra de cadeia: ácido ascórbico e α-tocoferol. O a-tocoferol (vitamina E) é depositado nas membranas subcelulares em posições adjacentes às cadeias de fosfolípidos e é um eliminador altamente eficiente dos radicais acilo gordos vizinhos

(Buettner, 1993). A adição de *a-tocoferol* aos alimentos para animais é um meio eficaz de melhorar a estabilidade oxidativa das carnes, para além de melhorar o sabor (Sheldon *et al.,* 1997). Níveis elevados de a-tocoferol nos alimentos para aves de capoeira aumentam as concentrações nos tecidos, resultando assim numa melhor estabilidade das estruturas membranares, o que se pode esperar que aumente a estabilidade oxidativa da carne e dos produtos à base de carne (Sheehy *et al.,* 1993). Alimentar as aves de capoeira com um nível mais elevado de antioxidantes dietéticos naturais proporciona à indústria avícola um método simples para melhorar a estabilidade oxidativa, a qualidade sensorial, o prazo de validade e a aceitabilidade das carnes de aves de capoeira (Buckley e Morrissey, 1992). Para além do efeito estabilizador na carne e nos produtos à base de carne, um nível elevado de a-tocoferol aumenta significativamente a eficiência alimentar, o peso médio e o rendimento líquido por ave (Kennedy *et al.,* 1992). McIlroy *et al.* (1993) referiram que concentrações elevadas de vitamina E na dieta podem ser mais benéficas quando existe um desafio para o sistema de defesa do hospedeiro, o que melhoraria significativamente o desempenho.

# CAPÍTULO 3

## 3.0MATERIAIS E MÉTODOS

### 3.1 Sítio experimental

A experiência de campo foi realizada na unidade de avicultura da Autoridade de Desenvolvimento da Bacia do Rio Ogun Osun, localizada na latitude $7^0$ 11' 59.66 "N, longitude $3^0$ 26' 13.64'E (Google Earth, 2015), enquanto os trabalhos de laboratório foram realizados no Laboratório de Produtos e Processamento Animal do Departamento de Produção e Saúde Animal, e no Laboratório de Diagnóstico de Aves de Medicina e Cirurgia Veterinária da Faculdade de Medicina Veterinária, Universidade Federal de Agricultura, Abeokuta, Estado de Ogun, Nigéria.

### 3.2 Aves experimentais e gestão

Um total de trezentos e trinta pintos de um dia, não vacinados (contra a doença de Newcastle), foram comprados num incubatório de renome em Abeokuta, no Estado de Ogun, e criados durante o período de oito semanas do estudo. Antes da chegada dos pintos do incubatório, o recinto foi adequadamente preparado, com o recinto limpo, o equipamento (bebedouros e comedouros, etc.) lavado e os arredores limpos. Em seguida, o recinto foi desinfectado duas vezes antes do início da experiência. Espalhou-se material de cama (aparas de madeira) no chão. Foram também fornecidos alimentos para criadeiras e outros materiais de criação. Aquando da chegada dos pintos, estes foram geridos de forma intensiva durante as fases de criação, crescimento e acabamento, com o fornecimento de ração e água (*ad-libitum)*. A composição (%) dos alimentos oferecidos às aves durante o período experimental é apresentada no quadro 1.

**Quadro 1: Composição (%) da dieta experimental**

| Ingrediente | Quantidade |
|---|---|
| Milho | 55.00 |
| Farinha de soja | 20.00 |
| Bolo de amendoim | 10.00 |
| Miudezas de trigo | 10.00 |
| Farinha de peixe (72% PC) | 1.00 |
| Farinha de ossos | 2.00 |
| Concha de ostra | 1.00 |
| Lisina | 0.25 |

| | |
|---|---|
| Metionina | 0.25 |
| *Premix (Vitaminas/minerais) | 0.25 |
| Sal (NaCl) | 0.25 |
| **Total** | **100** |
| **Composição calculada** | |
| ME (MJ/kg) | 12.16 |
| Proteína bruta (%) | 20.82 |
| Fibra bruta (%) | 3.86 |
| Extrato etéreo (%) | 3.90 |

* A pré-mistura contém: Vitamina A (12.000.000 UI), vitamina D3 (2.500.000 UI), vitamina E (30.000 UI), vitamina K (2.000 mg), vitamina B1 (2.250 mg), vitamina B2 (6.000 mg), vitamina B6 (4.500 mg), vitamina B12 (15 mcg), niacina (40.000 mg), pantotenato (15,000 mg), Biotina (50 mcg), Cloreto de colina (30 000 mg), Manganês (80 000 mg), Zinco (50 000 mg), Ferro (20 000 mg), Cobre (5 000 mg), Iodo (1 000 mg), Selénio (200 mg), Cobalto (500 mg), Antioxidante (125 000 mg). Composição/ 2,5 kg de premix vitamínico-mineral para frangos de carne

### 3.3 Procedimentos experimentais

Trezentos e trinta pintos de um dia de idade, à chegada do centro de incubação, foram criados juntos numa única unidade de criação; trinta pintos de um dia de idade foram seleccionados aleatoriamente do número total de pintos e utilizados para avaliar o título de anticorpos derivados da mãe contra a doença de Newcastle.

Posteriormente, no segundo dia de idade, os restantes trezentos pintos foram subdivididos com base na equalização do peso em dez grupos de tratamento, cada um em três réplicas com dez aves por réplica. Os dez grupos de tratamento consistiram em cinco vitaminas suplementares (controlo, vitaminas A, C, E e combinação de vitaminas A, C, E) e dois períodos de administração (três dias antes e depois da vacinação contra a doença de Newcastle) numa disposição fatorial. As aves foram alimentadas com a dieta experimental durante todo o período do estudo, tendo as vitaminas sido administradas na dieta apenas durante três dias antes e depois da vacinação contra a doença de Newcastle, como suplemento alimentar. As aves foram vacinadas com vacinas contra a doença de Newcastle no dia $5^t$ h de idade (Hitcher B1, intraocular) e no dia $24^t$ h de idade (Lasota, por via oral). Foram colhidas amostras de sangue e de soro de três aves por réplica aos $19^t$ h e $38^t$ h dias de idade ($14^{th}$ dias após a vacinação) para avaliar os parâmetros hematológicos e os títulos de anticorpos contra as vacinas contra a doença de Newcastle. Os índices de desempenho do crescimento também foram medidos semanalmente. No final da experiência (56[t] h dia de idade), foram avaliados o rendimento da carcaça e a análise da qualidade da carne. O esquema da experiência é apresentado no quadro 2.

**Quadro 2: Esquema dos tratamentos experimentais**

| **Período de administração** | **Vitaminas** | | | | |
|---|---|---|---|---|---|
| | **Controlo** | **A** | **C** | **E** | **A+C+E** |
| PRV | Controlo | Pré- A | Pré-C | Pré-E | Pré-A+C+E |
| PSV | Controlo | Pós- A | Pós-C | Pós- E | Pós- A+C+E |

PRV- 3 dias antes da vacinação contra a doença de Newcastle

PSV- 3 dias após a vacinação contra a doença de Newcastle.

### 3.4 Administração de suplementos vitamínicos

As vitaminas foram suplementadas na seguinte proporção:

Controlo

Vitamina A, 0,45mg/kg de dieta

Vitamina C, 50 mg/kg de dieta

Vitamina E, 9,1 mg/kg de dieta e

Combinação das vitaminas A, C e E a 1/3[rd] de cada um dos níveis de suplemento acima referidos.

### 3.5 Conceção experimental

A experiência é um arranjo fatorial 5x2 que consiste em cinco suplementos vitamínicos dietéticos e dois períodos de administração (pré e pós-vacinação contra a doença de Newcastle) num desenho completamente aleatório.

### 3.6 Recolha de dados

#### 3.6.1 Parâmetros de desempenho de crescimento

Os seguintes parâmetros de desempenho de crescimento foram medidos e registados semanalmente:

1. **Consumo de ração:** foi medido semanalmente e registado para cada réplica. Os restos de ração foram subtraídos da quantidade de ração oferecida semanalmente às aves para determinar o consumo de ração. A ração média consumida por uma ave foi calculada pela fórmula:

$$\text{Feed intake} = \text{total feed offered} - \text{total left over feed}$$

$$\text{Average feed intake (g/bird)} = \frac{\text{feed intake}}{\text{Number of birds per replicate}}$$

2. Ganho de peso corporal: o ganho de peso médio por ave foi registado deduzindo a diferença entre o peso corporal final e o peso corporal inicial e dividindo este valor pelo número de aves por réplica.

$$\text{Average body weight gain (g/bird)} = \frac{\text{final weight (g)} - \text{initial weight (g)}}{\text{Number of birds per replicate}}$$

3. Rácio de conversão alimentar: O FCR foi calculado dividindo o consumo de ração pelo ganho de peso.

$$\text{FCR} = \frac{\text{Total feed consumed (g)}}{\text{Body weight gain (g)}}$$

4. Percentagem de mortalidade: Foi calculada como a relação entre o número de aves mortas e o número total de aves por réplica, expressa em percentagem.

$$\text{Mortality (\%)} = \frac{\text{Number of dead birds per replicte}}{\text{Total number of birds stocked per replicate}} \times 100$$

### 3.6.2 Análise de sangue

Aos 19$^{th}$ e 38$^{th}$ dias de idade, foram seleccionadas aleatoriamente três (3) aves de cada réplica para a colheita de sangue; foram colhidos 2 ml de amostra de sangue de cada ave utilizando o método de punção da veia da asa para avaliação hematológica. As amostras de sangue para hematologia foram colhidas em frascos contendo ácido etilenodiamino tetra-acético (EDTA). Os parâmetros avaliados incluíram volume de células concentradas (PCV), contagem de glóbulos vermelhos (RBC), contagem de glóbulos brancos (WBC), concentração de hemoglobina (Hb), linfócitos, heterófilos, eosinófilos, basófilos, monócitos, rácio heterófilos-linfócitos, e os índices eritrocitários, como a concentração de hemoglobina corpuscular média (CHCM), a hemoglobina corpuscular média (HCM) e o volume corpuscular médio (VCM), foram calculados utilizando os valores de PCV, RBC e Hb.

### 3.6.3 Volume de células compactadas (PCV)

A percentagem de glóbulos brancos no sangue foi determinada utilizando o método de centrifugação do hematócrito, tal como descrito por (Dacie e Lewis, 1995). Mergulhou-se um tubo capilar na amostra de sangue para o encher até cerca de três quartos do seu comprimento. O excesso de sangue nos lados do tubo capilar foi limpo de modo a manter uma leitura exacta. Uma das extremidades do tubo foi então selada num bico de Bunsen. O tubo capilar foi colocado num leitor de micro-hematócrito e o nível de células compactadas foi considerado como o volume de células compactadas.

### 3.6.4 Contagem de glóbulos vermelhos (RBC)

O sangue colhido num frasco com EDTA foi diluído com NaCl a 0,9 % e misturado. O sangue diluído foi montado num hemocitómetro e o número de eritrócitos num volume circunscrito (0,02 mm3) foi contado microscopicamente. Os eritrócitos calculados foram expressos em milhões por mililitro cúbico (Baker e Silverton, 1985).

### 3.6.5 Hemoglobina (Hb)

A concentração de Hb de cada amostra de sangue foi determinada pelo método da cianometahemoglobina, tal como descrito por Jain (1986). Para cada amostra de sangue, 20 μl de sangue foram misturados com 4 ml de solução de Drabkin modificada (a solução de Drabkin será preparada misturando 200 mg de ferricianeto de potássio, 50 mg de cianeto de potássio e 140 mg de di-hidrogenofosfato de potássio; o volume foi completado até 1 litro com água destilada e o pH ajustado a 7,0). A mistura da amostra de sangue das aves experimentais com a solução de Drabkin foi deixada em repouso durante 3 minutos antes de se proceder à leitura da concentração de hemoglobina utilizando um espetrofotómetro com um comprimento de onda de 540 nm

### 3.6.6 Glóbulos brancos e seus componentes

A estimativa do número total de glóbulos brancos foi efectuada nas amostras de sangue colhidas das aves experimentais utilizando a câmara de contagem do hemocitómetro Neubaurer (Jain, 1986). Das amostras, foram colhidos 0,2 ml de sangue com uma pipeta e misturados com 4 ml de líquido de diluição de leucócitos (líquido de leucócitos constituído por uma solução aquosa de ácido acético a 3% e violeta de genciana a 1%). Este líquido foi então colocado no hematocitómetro e os leucócitos foram contados e expressos em $10^9$ WBC por litro de sangue. As contagens diferenciais foram também determinadas através da produção de películas de sangue, secagem ao ar e coloração com corante de Wright, tendo as contagens de leucócitos sido efectuadas de acordo com as directrizes padrão para aves de Ritchie *et al.* (1994). Foram calculados os rácios heterófilos/linfócitos.

### 3.6.7 Concentração média de hemoglobina corpuscular (MCHC)

A concentração média de hemoglobina corpuscular é uma medida da concentração de hemoglobina num determinado volume de glóbulos vermelhos compactados. Foi calculada pela fórmula: MCHC = Hb / PCV x 100 (g/dl)

### 3.6.8 Hemoglobina corpuscular média (HCM)

A hemoglobina corpuscular média é a massa média de hemoglobina por glóbulo vermelho numa amostra de sangue. Foi registada como parte de um hemograma completo normal. É calculada dividindo a massa total de hemoglobina pelo número de glóbulos vermelhos num volume de sangue. É calculada pela fórmula: MCH = Hb / RBC x 10 (pg)

### 3.6.9 Volume Corpuscular Médio (VCM)

O volume corpuscular médio é uma medida do volume médio de glóbulos vermelhos registada como parte de um hemograma completo normal. Foi calculado utilizando a fórmula: VCM = PCV / RBC x 10 (fl)

## 3.7 Teste serológico

### 3.7.1 Colheita de amostras de soro

Com um dia de idade, foi colhido 1 ml de sangue de 30 pintos seleccionados aleatoriamente do número total de trezentos e trinta (330) pintos (para determinação do título de anticorpos derivados da mãe), também aos $19^{t}$ h e $38^{t}$ h dias de idade ($14^{th}$ dias após a vacinação contra a doença de Newcastle), foram colhidos 2 ml de sangue de três (3) aves seleccionadas aleatoriamente por réplica através de punção venosa jugular para determinar os títulos de anticorpos contra a vacinação contra a doença de Newcastle. As amostras de sangue colhidas foram deixadas em repouso durante 30 minutos para a formação de soro, após o que os soros foram recolhidos em tubos ependorf e armazenados num congelador até estarem prontos para utilização. Foram utilizados testes de hemaglutinação e de inibição da hemaglutinação para avaliar a concentração de anticorpos contra o vírus da doença de Newcastle (Allan e Gough, 1974), utilizando o método de microtitulação. A vacina Lasota foi utilizada como fonte de antigénio.

### 3.7.2 Preparação da suspensão de glóbulos vermelhos

Foram colhidos três mililitros (3 ml) de amostra de sangue de uma galinha adulta (que não fazia parte da experiência em que foi determinado o volume de células compactadas) num frasco com EDTA; esta amostra foi transferida para um tubo de ensaio para centrifugação. A centrifugação foi efectuada a 2000-3000 rev/min durante 5 minutos, o sobrenadante foi decantado e foi adicionado tampão fosfato salino (PBS) recentemente preparado. O tubo de ensaio foi então agitado suavemente para ressuspender os glóbulos vermelhos. A centrifugação, a decantação e a adição de PBS foram repetidas três vezes ou até o sobrenadante ficar límpido.

### 3.7.3 Preparação de uma suspensão de glóbulos vermelhos (RBC) a 0,5

Foi recolhido um mililitro (1 ml) da suspensão de glóbulos vermelhos preparada para um tubo de ensaio. Em seguida, utilizou-se a fórmula $C_1V_1 = C_2V_2$ para calcular o volume de PBS recentemente preparado a adicionar para efetuar uma suspensão de hemácias a 0,5%; em que $C_1$= PCV do sangue recolhido da galinha adulta, $V_1$= 1 ml (volume inicial da suspensão de hemácias recolhida), C2= 0,5 (% de hemácias a obter), V2=? (volume de PBS a adicionar para efetuar uma suspensão de hemácias a 0,5%)

### 3.7.4 Teste de hemaglutinação

Cada poço de microtitulação na primeira fila (A1 a A12) de uma placa de microtitulação foi preenchido com 50 μl de PBS. Foram adicionados 50 microlitros (50 μl) de vacina Lasota diluída ao primeiro alvéolo (A1) e duplamente diluídos em série até ao décimo primeiro alvéolo (A11) da fila. Foram adicionados 50 microlitros (50 μl) de suspensão de hemácias a 0,5% a cada um dos poços, começando no primeiro (A1) até ao último poço (A12). Deixou-se então incubar durante 30 minutos à temperatura ambiente. Em seguida, procedeu-se à leitura dos poços, tendo o poço A12 servido de controlo negativo. Resultado positivo: Hemácias distribuídas uniformemente no fundo da placa, resultado negativo: As hemácias aglomeram-se para formar uma forma de botão. O valor do título de anticorpos foi o inverso da diluição do soro, dando 100% de hemaglutinação (Allan e Gough, 1974).

### 3.7.5 Teste de inibição da hemaglutinação

A unidade 4 HA (unidade padrão para o teste HI) da vacina Lasota diluída foi calculada utilizando as fórmulas: C1V1= C2V2. $C_1$= unidade HA da vacina de Lasota diluída, $V_1$= 1 ml (volume inicial da vacina de Lasota diluída recolhida), C2= 4 (unidade padrão HA), V2=? (volume de PBS a adicionar para obter 4 unidades HA da vacina de Lasota diluída).

Foram colocados 50 microlitros (50 μl) de PBS nos poços de microtitulação ao longo das linhas e das colunas, consoante o número de amostras a analisar (poço1-12). Cada fila foi utilizada para uma amostra de soro (ou seja, amostra de soro 1 para as filas A1-A12). Foram adicionados 50 μl de cada amostra de soro ao alvéolo 1 correspondente e duplamente diluídos em série até ao alvéolo 12, após o que foram adicionados 50 μl da vacina Lasota diluída (4 unidades HA) a cada alvéolo, do alvéolo 1 ao alvéolo 12. Adicionaram-se também 50 microlitros (50 μl) de suspensão de hemácias a 0,5 % a cada alvéolo e deixou-se incubar durante 30 minutos. Os resultados foram lidos e o valor do título foi o recíproco da diluição do soro com 100% de hemaglutinação (Allan e Gough, 1974). Resultado negativo: se as hemácias estiverem distribuídas uniformemente e resultado positivo se as hemácias se aglomerarem para formar uma forma de botão no fundo da placa.

## 3.8 Análise de carcaças

Aos $56^{th}$ dias de idade, duas (2) aves de peso médio de cada réplica foram seleccionadas e submetidas a um jejum noturno para limpar as vísceras. Foram abatidas por corte no pescoço e evisceradas para avaliação da carcaça. O peso preparado foi determinado e expresso em percentagem do peso vivo. Foram também pesadas as partes cortadas (cabeça, asas, baqueta, coxa, pescoço, músculos peitorais, dorso, etc.) e os órgãos internos, como o fígado, os rins, a moela, o coração, etc. Os pesos destas partes foram expressos em percentagem do peso vivo.

## 3.9 Características da qualidade da carne

Foram determinadas as seguintes características de qualidade da carne: composição da carne, perdas por refrigeração e cozedura

### 3.9.1 Composição proximal da carne do peito

Foram obtidas amostras de carne (50 g) dos músculos peitorais (*Pectoralis major*) das aves experimentais amostradas para as características da carcaça. Estas foram rotuladas e analisadas quanto à composição proximal de acordo com a AOAC (2005) para a determinação dos teores de proteínas, lípidos, hidratos de carbono, humidade e cinzas.

### 3.9.2 Perda de frio

As amostras de carne (50 g) obtidas dos músculos peitorais (*Pectoralis major*) foram etiquetadas e colocadas em sacos de polietileno antes de serem refrigeradas durante 24 horas. Após a refrigeração, cada amostra foi pesada e a diferença de peso foi registada como perda por refrigeração. A percentagem de perda por refrigeração foi calculada do seguinte modo

$$\text{Chilling loss (g)} = \text{weight of raw meat} - \text{weight of chilled meat}$$

$$\text{Percentage chilling loss} = \frac{\text{weight of raw meat} - \text{weight of chilled meat}}{\text{weight of raw meat}} \times 100$$

### 3.9.3 Perda de cozedura

As amostras de carne (50g) obtidas dos músculos do peito foram etiquetadas, colocadas em sacos de polietileno e cozinhadas a $70^0$ C durante 15 minutos. Após a cozedura, as amostras de carne foram deixadas arrefecer à temperatura ambiente durante 30 minutos e pesadas novamente (Allen *et al.*, 1997). A diferença de peso é a perda de cozedura. A percentagem de perda de cozedura foi calculada pela fórmula:

$$\text{Cooking loss (g)} = \text{weight of raw meat} - \text{weight of cooked meat}$$

$$\text{Cooking loss (\%)} = \frac{\text{weight of raw meat} - \text{weight of cooked meat}}{\text{weight of raw meat}} \times 100$$

### 3.10 Análise estatística

Os dados obtidos foram submetidos à análise de variância em um delineamento inteiramente casualizado. As médias significativamente diferentes ($p<0,05$) entre as variáveis foram separadas usando o teste F de Duncan de intervalo múltiplo, conforme contido no pacote SAS (2010).

# CAPÍTULO 4

## 4. 0RESULTADOS

### 4.1 Efeitos de vitaminas suplementares e períodos de administração no desempenho do crescimento de frangos de carne vacinados contra a doença de Newcastle

Os principais efeitos das vitaminas suplementares e dos períodos de administração no desempenho do crescimento de frangos de carne vacinados contra a doença de Newcastle são apresentados no Quadro 3. As diferentes vitaminas suplementares influenciaram significativamente ($p<0,05$) o peso final e o rácio de conversão alimentar. No entanto, o ganho de peso, o consumo de ração e a percentagem de mortalidade não foram afectados de forma significativa ($p>0,05$). Os pesos finais significativamente mais elevados ($p<0,05$) de 1821,71 e 1785,00 g/ave foram registados nas aves que receberam dietas suplementadas com vitaminas A e vitaminas combinadas (A+C+E). Por outro lado, foi obtido um peso final relativamente inferior de 1593,33 g/ave nas aves alimentadas com a dieta de controlo. Além disso, foi observada uma diferença significativa ($p<0,05$) no rácio de conversão alimentar das aves em relação às vitaminas suplementares. O melhor índice de conversão alimentar de 2,89 foi obtido nas aves alimentadas com a dieta suplementada com vitaminas combinadas (A+C+E), quando comparado com 3,31, 3,09, 3,03 e 3,13 obtidos nas aves alimentadas com dietas suplementadas com vitaminas A, C, E isoladamente e com a dieta de controlo, respetivamente. No entanto, os índices de desempenho de crescimento não foram significativamente ($p>0,05$) afectados pelos períodos de administração das vitaminas suplementares.

Na Tabela 4, são apresentados os efeitos interactivos das vitaminas e dos períodos de administração no desempenho do crescimento de frangos de carne vacinados contra a doença de Newcastle. Apenas o ganho de peso revelou uma diferença significativa ($p<0,05$) em todos os índices de crescimento considerados. Foi registado um ganho de peso superior de 34,24 g/ave/dia nas aves a quem foi oferecida uma dieta suplementada com vitamina E durante três dias após a vacinação. No entanto, foram obtidos ganhos de peso inferiores, de 28,40 e 27,99 g/ave/dia, nas aves a quem foi oferecida uma dieta suplementada com vitamina E durante três dias antes da vacinação e no grupo de controlo.

**Quadro 3: Principais efeitos das vitaminas suplementares e dos períodos de administração no desempenho do crescimento de frangos de carne vacinados contra a doença de Newcastle**

| Parameter | Control | Vitamins A(0.45 mg/kg) | C(50 mg/kg) | E(9.1 mg/kg) | A+C+E (0.15+16.67 +3.03 mg/kg) | Periods of Administration PRV | PSV |
|---|---|---|---|---|---|---|---|
| Initial weight (g/bird) | 55.17±0.17 | 57.20±0.99 | 55.12±0.61 | 57.12±0.58 | 56.70±1.36 | 56.99±0.60 | 55.53±0.44 |
| Final weight (g/bird) | 1593.33±14.76$^{b}$ | 1821.71±80.03$^{a}$ | 1743.00±50.70$^{ab}$ | 1741.37±58.21$^{ab}$ | 1785.00±37.64$^{a}$ | 1720.92±37.68 | 1752.91±37.49 |
| Weight gain (g/bird/day) | 27.99±0.29 | 31.28±1.36 | 30.07±0.90 | 31.31±1.78 | 31.17±0.64 | 29.78±0.62 | 30.95±0.84 |
| Feed intake (g/bird/day) | 92.51±3.79 | 96.84±5.80 | 90.92±3.34 | 97.75±6.36 | 89.84±1.83 | 92.30±2.41 | 94.85±3.18 |
| Feed conversion Ratio (FCR) | 3.31±0.14$^{a}$ | 3.09±0.12$^{ab}$ | 3.03±0.15$^{ab}$ | 3.13±0.12$^{ab}$ | 2.89±0.06$^{b}$ | 3.11±0.08 | 3.07±0.08 |
| Mortality (%) | 16.67±5.58 | 16.67±4.94 | 6.67±3.33 | 18.33±6.01 | 6.67±2.11 | 12.00±2.96 | 14.00±3.21 |

a,b As médias na mesma linha com diferentes sobrescritos são significativamente diferentes (p<0,05).

PRV: 3 dias de administração de vitaminas antes da vacinação contra a doença de Newcastle; PSV: 3 dias de administração de vitaminas após a vacinação contra a doença de Newcastle

**Quadro 4: Efeitos interactivos das vitaminas suplementares e dos períodos de administração no desempenho de crescimento de frangos de carne vacinados contra a doença de Newcastle**

| Vitamins | Control | | A (0.45mg/kg) | | C (50mg/kg) | | E (9.1mg/kg) | | A+C+E (0.15+16.67 3.03 mg/kg) | |
|---|---|---|---|---|---|---|---|---|---|---|
| Periods / Parameter | PRV | PSV | PRV | PSV | PRV | PSV | PRV | PSV | PRV | PSV |
| Initial weight (g/bird) | 55.17±0.27 | 55.17±0.27 | 57.43±2.02 | 56.97±0.90 | 55.53±0.80 | 54.70±1.01 | 57.13±1.09 | 57.10±0.68 | 59.67±0.58 | 53.73±0.38 |
| Final weight (g/bird) | 1593.33±23.33 | 1593.33±23.33 | 1830.82±106.12 | 1812.59±143.80 | 1753.70±79.18 | 1732.59±80.43 | 1658.20±88.20 | 1824.54±47.39 | 1768.52±77.54 | 1801.48±28.29 |
| Weight gain (g/bird/day) | 27.99±0.46$^{b}$ | 27.99±0.46$^{b}$ | 31.40±1.82$^{ab}$ | 31.15±2.44$^{ab}$ | 30.28±1.36$^{ab}$ | 29.85±1.46$^{ab}$ | 28.40±1.51$^{b}$ | 34.23±2.24$^{a}$ | 30.81±1.08$^{ab}$ | 31.52±0.85$^{ab}$ |
| Feed intake (g/bird/day) | 92.51±5.99 | 92.51±5.99 | 100.64±7.31 | 93.05±10.02 | 86.61±2.65 | 95.24±5.50 | 91.94±6.69 | 103.56±11.13 | 89.78±2.70 | 89.89±3.07 |
| Feed conversion ratio (FCR) | 3.31±0.23 | 3.31±0.23 | 3.22±0.22 | 2.97±0.11 | 2.86±0.08 | 3.21±0.29 | 3.24±0.20 | 3.01±0.13 | 2.92±0.10 | 2.85±0.09 |
| Mortality (%) | 16.67±8.82 | 16.67±8.82 | 20.00±5.77 | 13.33±8.82 | 3.33±3.33 | 10.00±5.77 | 13.33±8.82 | 23.33±8.82 | 6.67±3.33 | 6.67±3.33 |

a,b: As médias na mesma linha com diferentes sobrescritos são significativamente diferentes (p<0,05).

PRV: 3 dias de administração de vitaminas antes da vacinação contra a doença de Newcastle; PSV: 3 dias de administração de vitaminas após a vacinação contra a doença de Newcastle

### 4.2 Efeitos de vitaminas suplementares e períodos de administração nos parâmetros hematológicos de frangos de carne vacinados contra a doença de Newcastle (14$^{th}$ dias após a vacina de Hitchner B1)

Os principais efeitos das vitaminas suplementares e dos períodos de administração nos parâmetros hematológicos dos frangos de carne aos 14$^{th}$ dias após a vacina de Hitchner B1 são apresentados na Tabela 5. Apenas se obtiveram diferenças significativas (p<0,05) no volume corpuscular médio (VCM) e na hemoglobina corpuscular média (HCM), enquanto o volume de células compactadas, a hemoglobina, os glóbulos vermelhos, a concentração de hemoglobina corpuscular média, os glóbulos brancos e as suas contagens diferenciais não foram afectados pelas vitaminas suplementares. Obtiveram-se valores significativamente (p<0,05) mais elevados de VCM e HCM de 146,31 fl e 48,96 pg nas aves alimentadas com uma dieta suplementada com vitamina C, enquanto se registaram valores mais baixos de VCM (111,51, 114,51 e 119,49 fl) nas aves alimentadas com as dietas de controlo, nas aves alimentadas com uma dieta suplementada com vitaminas E e com vitaminas combinadas (A+C+E), respetivamente. Também foram obtidos valores mais baixos de MCH de 37,26 e 38,62 pg nas aves alimentadas com a dieta de controlo e nas alimentadas com a dieta suplementada com vitamina E. O período de administração das vitaminas não influenciou significativamente ($p>0,05$) nenhum dos parâmetros hematológicos.

O efeito interativo das vitaminas suplementares e do período de administração das vitaminas é apresentado na Tabela 6. Foram registadas diferenças significativas ($p<0,05$) no volume corpuscular médio (VCM) e na contagem de glóbulos brancos (WBC). Obteve-se um valor significativamente mais elevado ($p<0,05$) de 159,39 fl de VCM nas aves alimentadas com uma dieta suplementada com vitamina C administrada três dias após a vacinação. Pelo contrário, foram registados valores de VCM significativamente mais baixos ($p<0,05$) de 111,51, 108,11 e 116,76 fl nas aves alimentadas com a dieta de controlo, nas aves alimentadas com uma dieta suplementada com vitamina E três dias antes da vacinação e nas aves alimentadas com uma dieta suplementada com vitaminas combinadas (A+C+E) durante três dias após a vacinação.

Além disso, as aves alimentadas com uma dieta suplementada com vitaminas A, administrada durante três dias após a vacinação, registaram um valor mais elevado de leucócitos (13,07 x $10^{15}$ /µl), ao passo que se observou um valor mais baixo de leucócitos de 9,07 x $10^{15}$ /µl nas aves alimentadas com a dieta de controlo.

**Quadro 5: Efeito principal das vitaminas suplementares e dos períodos de administração nos parâmetros hematológicos de frangos de carne vacinados contra a doença de Newcastle (14$^{tb}$ dia após Hitchner Bl)**

| Parameter | Control | A(0.45 mg/kg) | Vitamins C(50mg/kg) | E(9.1mg/kg) | A+C+E (0.15+16.67 +3.03 mg/kg) | Periods of Administration PRV | PSV |
|---|---|---|---|---|---|---|---|
| PCV (%) | 26.33±0.21 | 27.17±1.47 | 28.67±2.09 | 28.00±0.89 | 29.17±0.95 | 26.93±0.43 | 28.80±1.01 |
| Hb (g/dl) | 8.80±0.10 | 9.00±0.46 | 9.57±0.64 | 9.48±0.40 | 9.83±0.28 | 9.07±0.17 | 9.60±0.33 |
| RBC (x$10^{18}$/µl) | 2.37±0.06 | 2.25±0.24 | 2.07±0.29 | 2.55±0.26 | 2.45±0.11 | 2.29±0.10 | 2.38±0.16 |
| MCV (fl) | 111.51±2.11$^{b}$ | 124.90±8.74$^{ab}$ | 146.31±13.15$^{a}$ | 114.51±10.03$^{b}$ | 119.49±2.26$^{b}$ | 119.91±4.59 | 126.77±7.10 |
| MCH (pg) | 37.26±0.73$^{b}$ | 41.48±3.13$^{ab}$ | 48.96±4.46$^{a}$ | 38.62±3.18$^{b}$ | 40.33±0.97$^{ab}$ | 40.37±1.56 | 42.29±2.39 |
| MCHC (g/dl) | 33.41±0.12 | 33.18±0.48 | 33.43±0.42 | 33.83±0.54 | 33.74±0.26 | 33.68±0.24 | 33.36±0.24 |
| WBC (x$10^{15}$/µl) | 9.07±0.35 | 12.60±0.89 | 11.58±0.87 | 11.25±0.26 | 10.58±0.87 | 10.85±0.48 | 11.99±0.57 |
| Heterophils (%) | 29.00±1.10 | 28.33±1.38 | 30.33±1.69 | 31.00±1.59 | 30.50±1.48 | 28.80±1.02 | 30.87±0.69 |
| Lymphocytes (%) | 68.67±0.42 | 68.50±1.65 | 67.67±1.67 | 67.33±1.45 | 67.00±1.21 | 68.60±0.91 | 67.07±0.68 |
| H:L | 0.42±0.02 | 0.41±0.03 | 0.45±0.03 | 0.46±0.03 | 0.46±0.03 | 0.42±0.02 | 0.46±0.01 |
| Eosinophils (%) | 0.33±0.21 | 1.33±0.61 | 0.50±0.50 | 0.67±0.33 | 0.83±0.40 | 0.93±0.27 | 0.53±0.27 |
| Basophils (%) | 0.33±0.21 | 0.83±0.31 | 0.67±0.33 | 0.33±0.21 | 0.50±0.34 | 0.47±0.19 | 0.60±0.16 |
| Monocytes (%) | 1.67±0.56 | 1.00±0.37 | 0.83±0.31 | 0.67±0.33 | 1.17±0.54 | 1.20±0.28 | 0.93±0.27 |

a,b **As médias na mesma linha com diferentes sobrescritos são significativamente diferentes ($p<0,05$).**

**PRV: 3 dias de administração de vitaminas antes da vacinação contra a doença de Newcastle; PSV*:* 3 dias de administração de vitaminas após a vacinação contra a doença de Newcastle; PCV- Packed Cell Volume; Hb- Haemoglobina; WBC- Glóbulos brancos; H:L- Rácio linfócito-heterófilo; MCV- Volume Corpuscular Médio; MCH- Hemoglobina Corpuscular Média; MCHC- Concentração de Hemoglobina Corpuscular Média**

**Quadro 6: Efeito interativo de vitaminas suplementares e períodos de administração nos parâmetros hematológicos de frangos de carne vacinados contra a doença de Newcastle (14^tb dia após Hitchner Bl)**

| Vitamins | Control | | A (0.45 mg/kg) | | C (50mg/kg) | | E (9.1mg/kg) | | A+C+E (0.15+16.67 +3.03 mg/kg) | |
|---|---|---|---|---|---|---|---|---|---|---|
| Periods / Parameter | PRV | PSV | PRV | PSV | PRV | PSV | PRV | PSV | PRV | PSV |
| PCV (%) | 26.33±0.333 | 26.33±0.333 | 26.67±1.45 | 27.67±2.91 | 26.33±0.33 | 31.00±4.04 | 27.33±0.88 | 28.67±1.67 | 28.00±1.53 | 30.33±0.88 |
| Hb (g/dl) | 8.80±0.15 | 8.80±0.15 | 8.73±0.58 | 9.27±0.80 | 8.97±0.24 | 10.17±1.29 | 9.43±0.41 | 9.53±0.80 | 9.43±0.43 | 10.23±0.23 |
| RBC ($x10^{18}/\mu l$) | 2.367±0.08 | 2.367±0.08 | 2.20±0.31 | 2.30±0.44 | 2.03±0.24 | 2.10±0.60 | 2.57±0.26 | 2.53±0.52 | 2.30±0.17 | 2.60±0.10 |
| MCV (fl) | 111.51±3.34$^{b}$ | 111.51±3.34$^{b}$ | 124.52±13.59$^{ab}$ | 125.28±14.05$^{ab}$ | 133.22±15.93$^{ab}$ | 159.39±20.96$^{a}$ | 108.11±8.12$^{b}$ | 120.92±19.95$^{ab}$ | 122.21±3.93$^{ab}$ | 116.76±1.69$^{b}$ |
| MCH (pg) | 37.26±1.15 | 37.26±1.15 | 40.59±3.77 | 42.36±5.83 | 45.53±6.09 | 52.38±7.12 | 37.22±2.40 | 40.02±6.55 | 41.24±1.88 | 39.40±0.60 |
| MCHC (g/dl) | 33.41±0.18 | 33.41±0.18 | 32.72±0.57 | 33.64±0.79 | 34.05±0.70 | 32.82±0.20 | 34.49±0.38 | 33.17±0.93 | 33.72±0.45 | 33.75±0.37 |
| WBC ($x10^{15}/\mu l$) | 9.07±0.35$^{b}$ | 9.07±0.35$^{b}$ | 12.58±1.89$^{ab}$ | 13.07±1.69$^{a}$ | 10.47±0.57$^{ab}$ | 12.70±1.47$^{ab}$ | 10.90±0.32$^{ab}$ | 11.60±0.32$^{ab}$ | 11.20±1.47$^{ab}$ | 9.97±1.13$^{ab}$ |
| Heterophils (%) | 29.00±1.73 | 29.00±1.73 | 27.00±2.65 | 29.67±0.88 | 28.33±2.96 | 32.33±1.20 | 31.33±2.91 | 30.67±2.03 | 28.33±2.03 | 32.67±1.45 |
| Lymphocytes (%) | 68.67±0.66 | 68.67±0.66 | 70.00±2.65 | 67.00±2.08 | 68.67±3.18 | 66.67±1.67 | 66.33±2.73 | 68.33±1.45 | 69.33±0.67 | 64.67±1.20 |
| H:L | 0.42±0.02 | 0.42±0.02 | 0.39±0.05 | 0.44±0.03 | 0.41±0.06 | 0.48±0.03 | 0.47±0.06 | 0.45±0.04 | 0.41±0.03 | 0.51±0.03 |
| Eosinophils (%) | 0.33±0.33 | 0.33±0.33 | 1.00±0.58 | 1.67±1.20 | 1.00±1.00 | 0.00±0.00 | 1.00±0.58 | 0.33±0.33 | 1.33±0.67 | 0.33±0.33 |
| Basophils (%) | 0.33±0.33 | 0.33±0.33 | 1.00±0.58 | 0.67±0.33 | 0.67±0.67 | 0.67±0.33 | 0.33±0.33 | 0.33±0.33 | 0.00±0.00 | 1.00±0.58 |
| Monocytes (%) | 1.67±0.88 | 1.67±0.88 | 1.00±0.58 | 1.00±0.58 | 1.33±0.33 | 0.33±0.33 | 1.00±0.58 | 0.33±0.33 | 1.00±1.00 | 1.33±0.67 |

a,b,: As médias na mesma linha com diferentes sobrescritos são significativamente diferentes (p<0,05).

PRV: 3 dias de administração de vitaminas antes da vacinação contra a doença de Newcastle; PSV: 3 dias de administração de vitaminas após a vacinação contra a doença de Newcastle; PCV- Packed Cell Volume; Hb- Haemoglobina; WBC- Glóbulos brancos; H:L- Rácio linfócito-heterófilo; MCV- Volume Corpuscular Médio; MCH- Hemoglobina Corpuscular Média; MCHC- Concentração de Hemoglobina Corpuscular Média

### 4.3 Efeitos de vitaminas suplementares e períodos de administração nos parâmetros hematológicos de frangos de carne vacinados contra a doença de Newcastle (14^th dia pós-Lasota).

Os principais efeitos das vitaminas suplementares e dos períodos de administração no perfil sanguíneo de frangos de carne vacinados contra a doença de Newcastle (14^th dia pós-Lasota) são apresentados na Tabela 7. Em todos os parâmetros hematológicos considerados, as vitaminas suplementares apenas resultaram em diferenças significativas (p<0,05) na hemoglobina (Hb) e na concentração de hemoglobina corpuscular média (CHCM), o que mostra a mesma tendência entre os grupos de tratamento. Os valores significativamente (p<0,05) mais elevados de Hb e MCHC de 9,55 e 34,12 g/dl foram obtidos nas aves alimentadas com a dieta de controlo. Por outro lado, valores significativamente mais baixos (p<0,05) de Hb e MCHC de 8,00 g/dl e 31,35 g/dl foram obtidos nas aves alimentadas com a dieta suplementada com as vitaminas combinadas (A+C+E). Os períodos de administração das vitaminas não afectaram significativamente (p<0,05) nenhum dos parâmetros hematológicos considerados.

A Tabela 8 mostra os efeitos interactivos das vitaminas suplementares e dos períodos de administração nos parâmetros hematológicos de frangos de carne vacinados contra a doença de Newcastle (14 dias pós-Lasota). Foram registadas diferenças significativas (p<0,05) na hemoglobina (Hb) e na concentração média de hemoglobina corpuscular (MCHC). Os teores mais elevados de hemoglobina (9,70 g/dl) foram obtidos nas aves alimentadas com uma dieta suplementada com vitamina A administrada durante três dias antes da vacinação; e nas aves alimentadas com uma dieta suplementada com vitamina C (9,60 g/dl) oferecida durante três dias após a vacinação. No entanto, o teor de hemoglobina significativamente mais baixo (p<0,05), de 7,95 g/dl, foi obtido em aves que receberam uma dieta suplementada com vitaminas combinadas (A+C+E) administrada durante três dias após o período de vacinação.

Além disso, o valor mais elevado (p<0,05) significativo de 35,28 g/dl de MCHC foi registado nas aves alimentadas com uma dieta suplementada com vitamina A três dias antes da vacinação, enquanto os valores mais baixos (p<0,05) significativos de 31,36 e 30,93 g/dl de MCHC foram registados nas aves alimentadas com uma dieta suplementada com vitamina A durante três dias após a vacinação e nas aves que receberam uma dieta suplementada com vitaminas combinadas (A+C+E) administrada três dias antes da vacinação.

**Quadro 7: Efeito principal das vitaminas suplementares e dos períodos de administração nos parâmetros hematológicos de frangos de carne vacinados contra a doença de Newcastle (14$^{th}$ dia pós-Lasota)**

| | | | Vitamins | | | Periods of Administration | |
|---|---|---|---|---|---|---|---|
| **Parameter** | **Control** | **A(0.45mg/kg)** | **C(50mg/kg)** | **E(9.1mg/kg)** | **A+C+E (0.15+16.67 +3.03 mg/kg)** | **PRV** | **PSV** |
| PCV (%) | 28.00±0.58 | 27.00±0.91 | 27.25±1.75 | 26.75±0.48 | 25.50±0.65 | 26.7±0.62 | 27.10±0.64 |
| Hb (g/dl) | 9.55±0.14$^{a}$ | 9.00±0.47$^{ab}$ | 8.98±0.53$^{ab}$ | 8.85±0.16$^{ab}$ | 8.00±0.29$^{b}$ | 8.85±0.27 | 8.90±0.26 |
| RBC (x10$^{18}$/µl) | 2.50±0.06 | 2.15±0.23 | 2.38±0.36 | 2.38±0.09 | 1.85±0.09 | 2.22±0.12 | 2.28±0.15 |
| MCV (fl) | 112.34±4.90 | 128.85±10.26 | 119.98±11.97 | 113.04±3.70 | 138.83±7.88 | 122.82±5.45 | 122.40±6.26 |
| MCH (pg) | 38.30±1.46 | 42.79±3.12 | 39.65±4.26 | 37.41±1.37 | 43.64±3.12 | 40.67±1.87 | 40.05±1.84 |
| MCHC (g/dl) | 34.12±0.19$^{a}$ | 33.32±1.16$^{ab}$ | 32.99±0.69$^{ab}$ | 33.09±0.42$^{ab}$ | 31.35±0.50$^{b}$ | 33.13±0.55 | 32.82±0.42 |
| WBC (x10$^{15}$/µl) | 9.70±0.40 | 11.83±1.55 | 12.03±0.48 | 11.86±1.24 | 10.48±0.62 | 11.81±0.67 | 10.55±0.53 |
| Heterophils (%) | 26.50±0.87 | 27.50±1.85 | 30.00±3.03 | 29.50±1.32 | 27.25±2.25 | 28.00±1.32 | 28.30±1.16 |
| Lymphocytes (%) | 66.00±2.31 | 69.25±1.03 | 67.75±2.63 | 67.50±1.19 | 69.75±1.65 | 68.30±1.21 | 67.80±1.11 |
| H:L | 0.40±0.00 | 0.40±0.03 | 0.44±0.06 | 0.44±0.03 | 0.39±0.04 | 0.41±0.02 | 0.42±0.02 |
| Eosinophils (%) | 1.50±0.29 | 1.50±0.87 | 0.25±0.25 | 1.50±0.50 | 0.75±0.48 | 1.00±0.40 | 1.20±0.29 |
| Basophils (%) | 0.50±0.29 | 0.25±0.25 | 0.50±0.29 | 0.50±0.29 | 0.75±0.25 | 0.50±0.17 | 0.50±0.17 |
| Monocytes (%) | 0.50±0.29 | 1.50± 0.29 | 1.50±0.65 | 1.00±0.41 | 1.50±0.65 | 1.20±0.36 | 1.20±0.25 |

a,b As médias na mesma linha com diferentes sobrescritos são significativamente diferentes (p<0,05).

PRV: 3 dias de administração de vitaminas antes da vacinação contra a doença de Newcastle; PSV: 3 dias de administração de vitaminas após a vacinação contra a doença de Newcastle; PCV- Packed Cell Volume; Hb- Haemoglobina; H:L- Rácio linfócito-heterófilo; WBC- White Blood Cell; MCV- Mean Corpuscular Volume; MCH- Mean Corpuscular Haemoglobin; MCHC- Mean Corpuscular Haemoglobin Concentration

**Quadro 8: Efeito interativo das vitaminas suplementares e dos períodos de administração nos parâmetros hematológicos de frangos de carne vacinados contra a doença de Newcastle (14.º**

**dia pós-Lasota)**

| Vitamins | Control | | A (0.45mg/kg) | | C (50mg/kg) | | E (9.1mg/kg) | | A+C+E (0.15+16.67 +3.03 mg/kg) | |
|---|---|---|---|---|---|---|---|---|---|---|
| Periods Parameter | PRV | PSV | PRV | PSV | PRV | PSV | PRV | PSV | PRV | PSV |
| PCV (%) | 28.00±1.00 | 28.00±1.00 | 27.50±1.50 | 26.50±1.50 | 26.00±3.00 | 28.50±2.50 | 26.00±0.00 | 27.50±0.50 | 26.00±1.00 | 25.00±1.00 |
| Hb (g/dl) | 9.55±0.25$^{ab}$ | 9.55±0.25$^{ab}$ | 9.70±0.50$^{a}$ | 8.30±0.30$^{abc}$ | 8.35±0.65$^{abc}$ | 9.60±0.70$^{a}$ | 8.60±0.10$^{abc}$ | 9.10±0.10$^{abc}$ | 8.05±0.55$^{bc}$ | 7.95±0.45$^{c}$ |
| RBC (x10$^{18}$/µl) | 2.50±0.10 | 2.50±0.10 | 2.35±0.35 | 1.95±0.35 | 2.05±0.55 | 2.70±0.50 | 2.25±0.15 | 2.50±0.00 | 1.95±0.15 | 1.75±0.05 |
| MCV (fl) | 112.34±8.49 | 112.34±8.49 | 118.70±11.30 | 138.99±17.26 | 132.44±20.99 | 107.53±10.65 | 116.07±7.74 | 110.00±2.00 | 134.52±15.48 | 143.14±9.80 |
| MCH (pg) | 38.30±2.53 | 38.30±2.53 | 41.89±4.11 | 43.70±6.30 | 42.97±8.36 | 36.32±4.13 | 38.42± 3.01 | 36.40±0.40 | 41.75±6.03 | 45.54±3.87 |
| MCHC (g/dl) | 34.12±0.33$^{ab}$ | 34.12±0.33$^{ab}$ | 35.28±0.11$^{a}$ | 31.36±0.64$^{c}$ | 32.26±1.22$^{bc}$ | 33.73±0.50$^{ab}$ | 33.08±0.38$^{abc}$ | 33.11±0.97$^{abc}$ | 30.93±0.93$^{c}$ | 31.78±0.53$^{bc}$ |
| WBC (x10$^{15}$/µl) | 9.70±0.70 | 9.70±0.70 | 13.80±2.40 | 9.85±0.95 | 11.20±0.20 | 12.85±0.05 | 13.35±1.25 | 10.40±1.80 | 11.00±0.80 | 9.95±1.05 |
| Heterophils (%) | 26.50±1.50 | 26.50±1.50 | 26.00±4.00 | 29.00±0.00 | 33.50±0.50 | 26.50±5.50 | 27.50±0.50 | 31.50±1.50 | 26.50±4.50 | 28.00±3.00 |
| Lymphocytes (%) | 66.00±4.00 | 66.00±4.00 | 70.50±1.50 | 68.00±1.00 | 64.00±1.00 | 71.50±3.50 | 69.50±0.50 | 65.50±0.50 | 71.50±2.50 | 68.00±2.00 |
| H:L | 0.40±0.00 | 0.40±0.00 | 0.37±0.06 | 0.43±0.01 | 0.52± 0.02 | 0.38±0.10 | 0.40±0.00 | 0.48±0.03 | 0.37±0.08 | 0.41± 0.06 |
| Eosinophils (%) | 1.50±0.50 | 1.50±0.50 | 1.50±1.50 | 1.50±1.50 | 0.00±0.00 | 0.50±0.50 | 2.00±1.00 | 1.00±0.00 | 0.00±0.00 | 1.50±0.50 |
| Basophils (%) | 0.50±0.50 | 0.50±0.50 | 0.50±0.50 | 0.00±0.00 | 0.50±0.50 | 0.50±0.50 | 0.50±0.50 | 0.50±0.50 | 0.50±0.50 | 1.00±0.00 |
| Monocytes (%) | 0.50±0.50 | 0.50±0.50 | 1.50±0.50 | 1.50±0.50 | 2.00±1.00 | 1.00±1.00 | 0.50±0.50 | 1.50±0.50 | 1.50±1.50 | 1.50±0.50 |

a,b,c: As médias na mesma linha com diferentes sobrescritos são significativamente (p<0,05) diferentes.

PRV: 3 dias de administração de vitaminas antes da vacinação contra a doença de Newcastle; PSV: 3 dias de administração de vitaminas após a vacinação contra a doença de Newcastle; PCV- Packed Cell Volume; Hb- Haemoglobina; H:L- Rácio linfócito-heterófilo; WBC- White Blood Cell; MCV- Mean Corpuscular Volume; MCH- Mean Corpuscular Haemoglobin; MCHC- Mean Corpuscular

## 4.4 Representação gráfica do efeito principal das vitaminas suplementares no título de anticorpos séricos (log 2 X) de frangos de carne vacinados contra a doença de Newcastle

O título médio de anticorpos séricos de origem materna contra a doença de Newcastle nos frangos de carne é de 6,33. O efeito principal das vitaminas suplementares no título de anticorpos séricos dos frangos de carne vacinados contra a doença de Newcastle é apresentado na Figura 1. Não se registaram diferenças significativas (p>0,05) no título de anticorpos séricos dos frangos de carne que receberam dietas suplementadas com as diferentes vitaminas suplementares aos 14 dias após as vacinas de Hitchner B1 (idade 19$^{th}$ dia) e Lasota (idade 38$^{th}$ dia). No entanto, os títulos numéricos mais elevados de anticorpos séricos (62,13 e 511,20) contra as vacinas Hitchner B1 e Lasota foram obtidos em aves alimentadas com dietas suplementadas com vitamina A e vitamina E, respetivamente; enquanto os títulos mais baixos de anticorpos séricos (31,38 e 114,31) contra as vacinas Hitchner B1 e Lasota foram observados em aves alimentadas com dietas suplementadas com vitaminas combinadas (A+C+E).

## 4.5 Representação gráfica do efeito principal dos períodos de administração de vitaminas no título de anticorpos séricos (log 2 X) de frangos de carne vacinados contra a doença de Newcastle

O efeito principal do período de administração de vitaminas no título de anticorpos séricos de frangos de carne vacinados contra a doença de Newcastle é apresentado na Figura 2. O período de administração de vitaminas não influenciou significativamente ($p>0,05$) o título de anticorpos. Os títulos de anticorpos séricos numericamente mais elevados (42,63 e 252,36) contra as vacinas de Hitchner B1 e Lasota foram registados nas aves às quais foi oferecida uma dieta suplementada com vitaminas durante três dias após a vacinação. No entanto, os títulos de anticorpos mais baixos de 37,97 e 243,38 contra

As vacinas de Hitchner B1 e Lasota foram registadas em aves que consumiram as dietas suplementadas com vitaminas durante três dias antes do período de vacinação.

### 4.6 Representação gráfica dos efeitos interactivos das vitaminas suplementares e do período de administração no título de anticorpos séricos (log 2 X) de frangos de carne vacinados contra a doença de Newcastle.

A Figura 3 mostra os efeitos interactivos das vitaminas suplementares e dos períodos de administração no título de anticorpos séricos dos frangos de carne vacinados contra as doenças de Newcastle. O título de anticorpos séricos significativamente ($p<0,05$) mais elevado de 75,20 contra Hitchner B1 foi revelado em aves alimentadas com dieta suplementada com vitamina A durante três dias antes da vacinação contra Hitchner B1. Além disso, um título de anticorpos séricos significativamente mais elevado ($p<0,05$) de 741,33 resultou da suplementação dietética com vitamina E administrada três dias após a vacinação contra o Lasota.

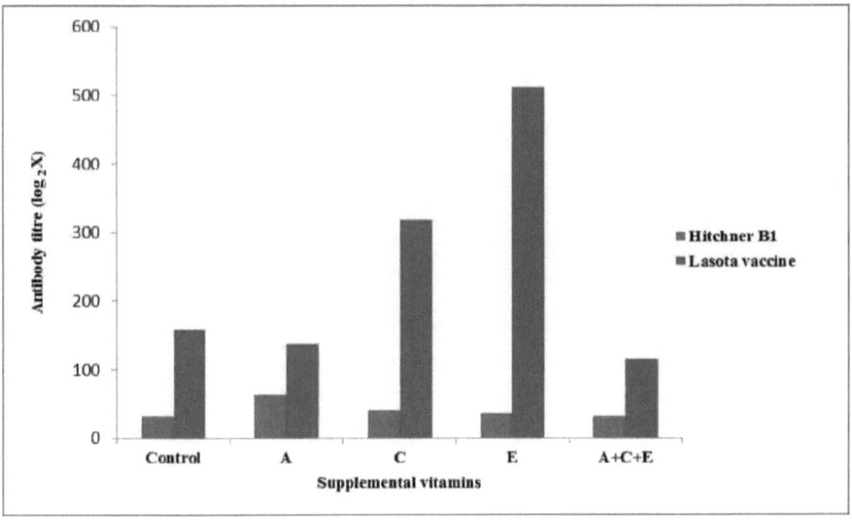


Figura 1: Efeito principal das vitaminas suplementares no título de anticorpos de frangos de carne vacinados contra a doença de Newcastle

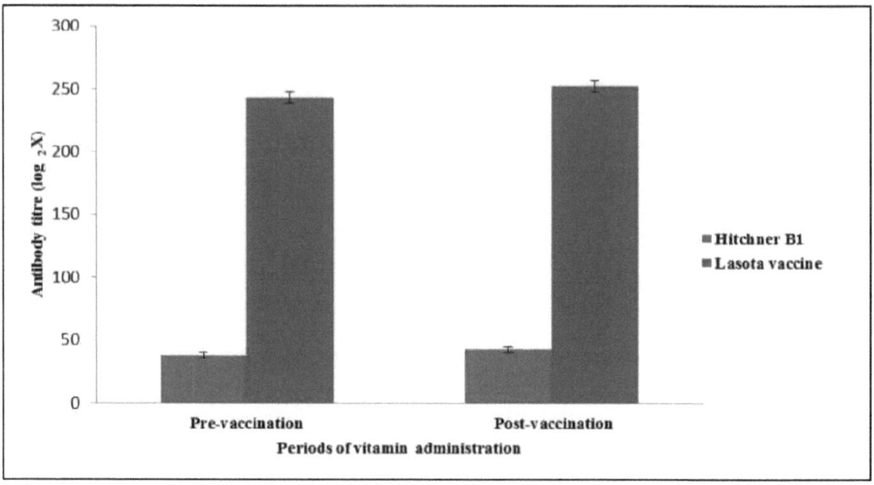


Figura 2: Efeito principal do período de administração de vitaminas no título de anticorpos de frangos de carne vacinados contra a doença de Newcastle

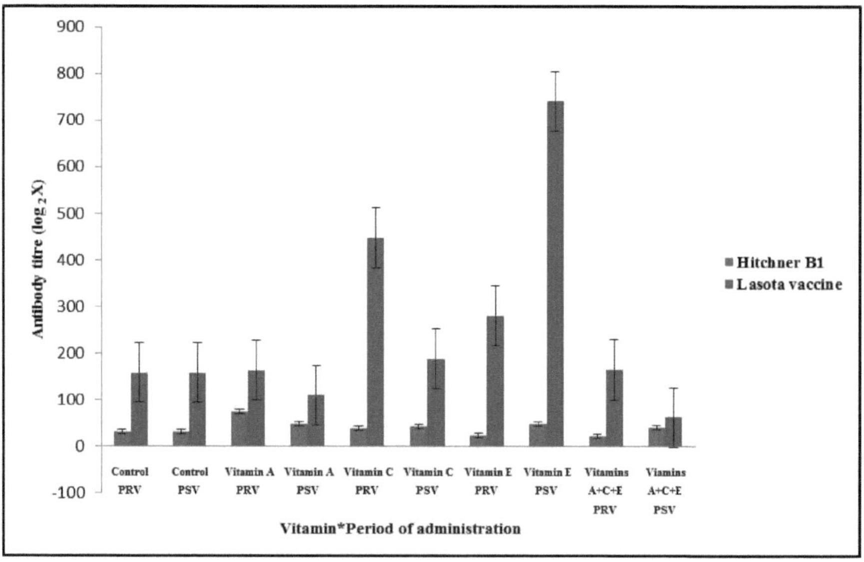


Figura 3: Efeitos interactivos de vitaminas suplementares e períodos de administração no título de anticorpos de frangos de carne vacinados contra a doença de Newcastle PRV- 3 dias pré-vacinação; PSV- 3 dias pós-vacinação

### 4.7 Efeitos de vitaminas suplementares e períodos de administração na carcaça características de frangos de carne vacinados contra a doença de Newcastle

A Tabela 9 revelou que as vitaminas suplementares afectaram significativamente ($p<0,05$) o peso depenado, a asa e a moela; enquanto que não foram registadas diferenças significativas ($p>0,05$) nos outros componentes da carcaça considerados. No que diz respeito aos efeitos principais das vitaminas suplementares, o maior peso depenado de 1705,00 g foi obtido em aves alimentadas com dieta suplementada com vitamina A, enquanto os menores pesos depenados de 1485,00 g foram observados em aves alimentadas com a dieta de controlo. Observou-se um valor significativamente ($p<0,05$) mais elevado de 9,18% para as asas nas aves alimentadas com uma dieta suplementada com vitamina A, enquanto se obtiveram valores mais baixos de 7,65, 8,15 e 8,18% para as asas nas aves alimentadas com a dieta de controlo, com vitaminas C e com dietas suplementadas com vitaminas combinadas (A+C+E), respetivamente. Além disso, a suplementação dietética com vitamina E nas aves resultou num valor mais elevado de 2,99% na moela em relação aos valores mais baixos de 2,21, 2,19 e 2,36% obtidos nas aves alimentadas com a dieta de controlo, com a dieta suplementada com vitamina C e com a dieta suplementada com vitaminas combinadas (A+C+E). Apenas os períodos de administração das vitaminas apresentam diferença significativa ($p<0,05$) nas asas, com um valor maior de 8,72% obtido nas aves que receberam suplementação de vitaminas três dias antes da vacinação em relação ao das aves que receberam a dieta suplementada com vitaminas três dias após a vacinação (8,14%). A Tabela 10 mostra os efeitos interactivos das vitaminas suplementares e do período de administração nas características da carcaça de frangos de carne vacinados contra as doenças de Newcastle. Foram observadas diferenças significativas ($p<0,05$) no peso vivo, peso depenado, asas, coração, fígado e moela, respetivamente.

O peso vivo mais elevado, de 1865,00 g, foi obtido nas aves alimentadas com uma dieta suplementada com vitamina A, administrada três dias antes do período de vacinação. Por outro lado, o peso vivo significativamente mais baixo ($p<0,05$), de 1640,00 g, foi observado nas aves alimentadas com a dieta de controlo. Além disso, o peso depenado foi maior (1779,50 g) nas aves alimentadas com dieta suplementada com vitamina A três dias antes do período de vacinação. No entanto, os pesos depenados mais baixos, de 1485,00 e 1545,00 g, foram registados nas aves alimentadas com a dieta de controlo e com a dieta suplementada com vitamina E três dias antes do período de vacinação.

Os resultados também mostram diferenças significativas ($p<0,05$) nas asas, com os valores mais elevados de 9,17 e 9,08% registados nas aves alimentadas com dietas suplementadas com vitaminas A e E três dias antes da vacinação. As percentagens mais baixas de asa foram registadas nas aves alimentadas com a dieta de controlo e com as dietas suplementadas com vitaminas C e E (7,65, 7,72 e 7,70%) administradas três dias após a vacinação, respetivamente. Além disso, a percentagem mais elevada (0,63%) e significativa (p<0,05) de coração foi obtida nas aves alimentadas com dieta suplementada com vitamina E três dias antes da vacinação, enquanto o valor mais baixo (0,32%) de coração foi registado nas aves alimentadas com dieta suplementada com vitamina C administrada três dias antes da vacinação.

Foi obtido um valor hepático significativamente mais elevado (p<0,05) de 3,55% nas aves alimentadas com a dieta suplementada com as vitaminas combinadas (A+C+E) três dias após a vacinação; enquanto os valores hepáticos mais baixos de 2,37 e 2,22% foram registados nas aves alimentadas com a dieta de controlo e com a dieta suplementada com vitaminas A três dias após a vacinação.

Além disso, foi observado um valor significativamente (p<0,05) superior de moela de 3,10% nas aves alimentadas com uma dieta suplementada com vitamina E três dias após o período de vacinação. No entanto, foi obtido um valor significativamente (p<0,05) inferior de moela de 2,12% nas aves que receberam uma dieta suplementada com vitamina C três dias antes do período de vacinação.

**Quadro 9: Efeito principal das vitaminas suplementares e dos períodos de administração nas características da carcaça de frangos de carne vacinados contra a doença de Newcastle**

| | | | Vitamins | | | Periods of Administration | |
|---|---|---|---|---|---|---|---|
| **Parameter** | **Control** | **A(0.45mg/kg)** | **C(50mg/kg)** | **E(9.1mg/kg)** | **A+C+E (0.15+16.67+ 3.03mg/kg)** | **PRV** | **PSV** |
| Live weight (g) | 1640.00±50.00 | 1792.05±48.88 | 1730.00±43.78 | 1700.00±45.09 | 1710.00±24.83 | 1733.50±30.75 | 1706.50±19.66 |
| Plucked weight (g) | 1485.00±8.66[c] | 1705.00±72.69[a] | 1641.75±54.11[ab] | 1556.75±21.03[bc] | 1653.00±37.11[ab] | 1631.10±40.53 | 1585.50±30.62 |
| Dressing (%) | 70.56±1.01 | 68.71±3.14 | 69.44±3.31 | 73.19±5.17 | 71.54±2.65 | 71.52±1.98 | 69.85±1.98 |
| **Cut-up parts[1]** | | | | | | | |
| Head | 2.60±0.00 | 2.45±0.11 | 2.68±0.04 | 2.70±0.14 | 2.72±0.16 | 2.69±0.08 | 2.59± 0.05 |
| Neck | 6.29±0.34 | 5.95±0.64 | 6.16±0.33 | 5.61±0.38 | 6.46±0.29 | 6.05±0.24 | 6.13±0.28 |
| Wings | 7.65±0.32[b] | 9.18±0.28[a] | 8.15±0.25[b] | 8.39±0.43[ab] | 8.18±0.23[b] | 8.72±0.18[a] | 8.14±0.23[b] |
| Thigh | 11.45±0.27 | 10.44±0.55 | 11.21±0.40 | 10.92±1.02 | 11.23±0.55 | 11.35±0.37 | 10.75±0.35 |
| Drumstick | 11.08±0.45 | 10.59±0.41 | 10.71±0.47 | 10.42±0.78 | 11.48±0.63 | 10.84±0.28 | 10.88±0.41 |
| Shank | 4.58±0.14 | 4.42±0.18 | 4.90±0.07 | 4.35±0.40 | 4.76±0.31 | 4.59±0.13 | 4.61±0.19 |
| Breast | 20.36±1.46 | 17.75±1.09 | 18.06±0.85 | 18.88±1.23 | 18.49±0.60 | 19.11±0.66 | 18.31±0.71 |
| Back | 14.43±0.78 | 14.35±0.54 | 13.58±0.93 | 16.05±1.51 | 14.07±0.91 | 14.57±0.71 | 14.42±0.55 |
| **Organs[2]** | | | | | | | |
| Heart | 0.48±0.04 | 0.41±0.03 | 0.37±0.03 | 0.52±0.07 | 0.54±0.05 | 0.47±0.04 | 0.45±0.03 |
| Lungs | 0.45±0.03 | 0.49±0.03 | 0.56±0.08 | 0.58±0.02 | 0.48±0.03 | 0.51±0.02 | 0.52±0.04 |
| Liver | 2.37±0.17 | 2.43±0.25 | 2.64±0.14 | 2.93±0.23 | 3.02±0.36 | 2.60±0.13 | 2.76±0.19 |
| Spleen | 0.04±0.01 | 0.09±0.01 | 0.07±0.02 | 0.09±0.02 | 0.07±0.02 | 0.08±0.01 | 0.06±0.01 |
| Abdominal fat | 1.28±0.10 | 1.79±0.32 | 1.00±0.32 | 1.68±0.95 | 1.66±0.30 | 1.76±0.35 | 1.21±0.21 |
| Gizzard | 2.21±0.01[b] | 2.57±0.16[ab] | 2.19±0.05[b] | 2.99±0.29[a] | 2.36±0.10[b] | 2.41±0.13 | 2.52±0.14 |
| GIT | 6.42±0.71 | 6.43±0.20 | 6.77±0.74 | 6.57±0.68 | 7.15±0.22 | 6.53±0.30 | 6.81±0.38 |

a,b,c :As médias na mesma linha com diferentes sobrescritos são significativamente diferentes (p<0,05). 1,2: valores expressos em percentagem do peso vivo; PRV: 3 dias de administração de vitaminas antes da vacinação; PSV: 3 dias de administração de vitaminas após a vacinação

**Quadro 10: Efeito interativo das vitaminas suplementares e dos períodos de administração nas características da carcaça de frangos de carne vacinados contra a doença de Newcastle**

| Vitamins | Control | | A (0.45mg/kg) | | C (50mg/kg) | | E (9.1mg/kg) | | A+C+E (0.15+16.67+ 3.03mg/kg) | |
|---|---|---|---|---|---|---|---|---|---|---|
| Periods<br>Parameter | PRV | PSV | PRV | PSV | PRV | PSV | PRV | PSV | PRV | PSV |
| Live weight (g) | 1640.00±50.00$^{c}$ | 1640.00±50.00$^{c}$ | 1865.00±15.00$^{a}$ | 1720.00±60.00$^{bc}$ | 1800.00±10.00$^{ab}$ | 1660.00±40.00$^{bc}$ | 1667.00±37.50$^{bc}$ | 1760.00±50.00$^{abc}$ | 1695.00±45.00$^{bc}$ | 1725.00±35.00$^{bc}$ |
| Plucked weight(g) | 1485.00±15.00$^{b}$ | 1485.00±15.00$^{b}$ | 1779.50±79.50$^{a}$ | 1630.50±119.50$^{ab}$ | 1690.00±70.00$^{ab}$ | 1593.50±89.50$^{ab}$ | 1545.00±5.00$^{b}$ | 1568.50±48.50$^{ab}$ | 1656.00±87.00$^{ab}$ | 1650.00±26.00$^{ab}$ |
| Dressing (%) | 70.56±1.75 | 70.56±1.75 | 69.81±5.06 | 67.62±5.57 | 70.36±1.37 | 68.51±7.87 | 78.34±7.69 | 68.04±6.94 | 68.54±4.88 | 74.53±0.66 |
| **Cut-up parts[1]** | | | | | | | | | | |
| Head | 2.60±0.00 | 2.60±0.00 | 2.42±0.16 | 2.58±0.19 | 2.66±0.01 | 2.70±0.08 | 2.88±0.08 | 2.53±0.23 | 2.89±0.32 | 2.55±0.02 |
| Neck | 6.29±0.59 | 6.29±0.59 | 6.39±0.89 | 5.51±1.14 | 6.05±0.28 | 6.26±0.74 | 5.36±0.56 | 5.85±0.67 | 6.17±0.57 | 6.74±0.13 |
| Wing | 7.65±0.32$^{c}$ | 7.65±0.32$^{c}$ | 9.17±0.48$^{a}$ | 8.85±0.24$^{ab}$ | 8.58±0.04$^{abc}$ | 7.72±0.11$^{c}$ | 9.08±0.26$^{a}$ | 7.70±0.26$^{c}$ | 7.91±0.14$^{bc}$ | 8.45±0.38$^{abc}$ |
| Thigh | 11.45±0.46 | 11.45±0.46 | 11.27±0.26 | 9.60±0.56 | 11.42±0.73 | 11.01±0.60 | 11.75±1.99 | 10.08±0.97 | 10.87±0.93 | 11.60±0.82 |
| Drumstick | 11.08±0.77 | 11.08±0.77 | 10.46±0.72 | 10.72±0.66 | 11.08±0.24 | 10.35±0.99 | 10.86±1.10 | 9.99±1.45 | 10.70±0.93 | 12.26±0.54 |
| Shank | 4.58±0.24 | 4.58±0.24 | 4.50±0.35 | 4.33±0.24 | 4.95±0.08 | 4.85±0.15 | 4.36±0.39 | 4.35±0.90 | 4.58±0.47 | 4.94±0.53 |
| Breast | 20.36±2.53 | 20.36±2.53 | 18.39±2.02 | 17.12±1.50 | 18.55±0.88 | 17.57±1.76 | 20.42±1.54 | 17.35±1.43 | 17.84±0.53 | 19.13±1.03 |
| Back | 14.43±1.35 | 14.43±1.35 | 13.98±0.99 | 14.73±0.70 | 14.05±0.08 | 13.10±2.17 | 17.51±2.72 | 14.58±1.44 | 12.89±0.32 | 15.26±1.44 |
| **Organs[2]** | | | | | | | | | | |
| Heart | 0.48±0.07$^{abc}$ | 0.48±0.07$^{abc}$ | 0.43±0.07$^{abc}$ | 0.39±0.01$^{bc}$ | 0.32±0.00$^{c}$ | 0.43±0.02$^{abc}$ | 0.63±0.04$^{a}$ | 0.40±0.04$^{bc}$ | 0.50±0.10$^{abc}$ | 0.57±0.07$^{ab}$ |
| Lungs | 0.45±0.05 | 0.45±0.05 | 0.51±0.00 | 0.46±0.07 | 0.53±0.00 | 0.59±0.19 | 0.60±0.05 | 0.56±0.01 | 0.44±0.04 | 0.52±0.02 |
| Liver | 2.37±0.29$^{b}$ | 2.37±0.29$^{b}$ | 2.64±0.54$^{ab}$ | 2.22±0.01$^{b}$ | 2.63±0.33$^{ab}$ | 2.64±0.03$^{ab}$ | 2.85±0.34$^{ab}$ | 2.99±0.43$^{ab}$ | 2.48±0.15$^{ab}$ | 3.55±0.43$^{a}$ |
| Spleen | 0.04±0.01 | 0.04±0.01 | 0.08±0.03 | 0.11±0.00 | 0.11±0.00 | 0.03±0.00 | 0.12±0.00 | 0.07±0.04 | 0.07±0.04 | 0.07±0.04 |
| Abdominal Fat | 1.28±0.17 | 1.28±0.17 | 2.03±0.60 | 1.55±0.38 | 1.47±0.31 | 0.53±0.30 | 2.77±1.76 | 0.59±0.04 | 1.24±0.42 | 2.08±0.09 |
| Gizzard | 2.21±0.01$^{ab}$ | 2.21±0.01$^{ab}$ | 2.49±0.18$^{ab}$ | 2.65±0.32$^{ab}$ | 2.12±0.04$^{b}$ | 2.27±0.01$^{ab}$ | 2.89±0.49$^{ab}$ | 3.10±0.49$^{a}$ | 2.36±0.25$^{ab}$ | 2.36±0.05$^{ab}$ |
| GIT | 6.42±1.22 | 6.42±1.22 | 6.28±0.38 | 6.57±0.24 | 6.17±1.35 | 7.38±0.88 | 6.61±0.02 | 6.52±1.65 | 7.16±0.02 | 7.14±0.55 |

a,b,c :As médias na mesma linha com diferentes sobrescritos são significativamente diferentes ($p<0,05$). 1,2: valores expressos em percentagem do peso vivo; PRV: 3 dias de administração de vitaminas antes da vacinação; PSV: 3 dias de administração de vitaminas após a vacinação

## 4.8 Efeitos de vitaminas suplementares e períodos de administração na carne do peito perdas por cozedura e refrigeração de frangos de carne vacinados contra a doença de Newcastle

Os principais efeitos das vitaminas suplementares e dos períodos de administração na qualidade da carne do peito de frangos de carne vacinados contra a doença de Newcastle são apresentados no Quadro 11. As diferentes vitaminas suplementares e o período de administração não tiveram efeitos significativos ($p>0,05$) nas perdas por cozedura e refrigeração da carne do peito dos frangos de carne.

O Quadro 12 mostra os efeitos interactivos das vitaminas suplementares e dos períodos de administração de vitaminas nas perdas por cozedura e refrigeração da carne do peito de frangos de carne vacinados contra a doença de Newcastle. Não se registaram efeitos significativos ($p>0,05$) nas perdas por cozedura e por refrigeração, respetivamente.

**Table 11: Efeito principal das vitaminas suplementares e dos períodos de administração na qualidade da carne do peito de frangos de carne vacinados contra a doença de Newcastle**

| | Vitamins | | | | | Periods of Administration | |
|---|---|---|---|---|---|---|---|
| Parameter | Control | A(0.45mg/kg) | C(50mg/kg) | E(9.1mg/kg) | A+C+E(0.15+16.67 +3.03mg/kg) | PRV | PSV |
| Cooking loss (%) | 16. 93±0.05 | 17.24±0.77 | 16.14±1.28 | 17.72±1.67 | 18.91±1.23 | 17.59±0.83 | 17.19±0.60 |
| Chilling loss (%) | 2.10±0.09 | 1.37±0.35 | 1.50±0.21 | 1.90±0.88 | 1.72±0.66 | 1.64±0.17 | 1.81±0.41 |

**PRV:** 3 dias de administração de vitaminas antes da vacinação; **PSV:** 3 dias de administração de vitaminas após a vacinação

Table 12: **Efeito interativo de vitaminas suplementares e períodos de administração na qualidade da carne do peito de frangos de carne vacinados contra a doença de Newcastle.**

| Vitamins | Control | | A (0.45mg/kg) | | C (50mg/kg) | | E (9.1mg/kg) | | A+C+E (0.15+16.6+ 3.03mg/kg) | |
|---|---|---|---|---|---|---|---|---|---|---|
| Periods Parameters | PRV | PSV | PRV | PSV | PRV | PSV | PRV | PSV | PRV | PSV |
| Cooking loss (%) | 16.93±0.09 | 16.93±0.09 | 16.46±1.19 | 18.03±0.95 | 15.98±1.94 | 16.29±2.46 | 18.50±3.43 | 16.95±1.95 | 20.08±1.68 | 17.72±1.88 |
| Chilling loss (%) | 2.10± 0.16 | 2.10± 0.16 | 1.91± 0.37 | 0.84±0.16 | 1.49±0.52 | 1.52±0.01 | 1.34±0.66 | 2.46±1.91 | 1.36±0.12 | 2.12±1.52 |

**PRV:** 3 dias de administração de vitaminas antes da vacinação; **PSV:** 3 dias de administração de vitaminas após a vacinação

## 4.9 Efeitos dos suplementos vitamínicos e dos períodos de administração na composição proximal da carne do peito de frangos de carne vacinados contra a doença de Newcastle

A Tabela 13 mostra os efeitos principais das vitaminas suplementares e dos períodos de administração de vitaminas na composição proximal da carne do peito de frangos de carne vacinados contra a doença de Newcastle. As vitaminas suplementares afectaram significativamente ($p<0,05$) a percentagem de extrato isento de azoto (NFE). Foi registada uma percentagem mais elevada de NFE (5,88%) nas aves alimentadas com dieta suplementada com vitaminas C. Em contrapartida, obteve-se uma percentagem mais baixa de 5,42% de NFE nas aves alimentadas com a dieta de controlo. As percentagens de humidade, proteína bruta, extrato etéreo e cinzas revelaram efeitos não significativos ($p>0,05$) em relação às diferentes vitaminas suplementares consideradas. O período de administração das vitaminas não influenciou significativamente ($p>0,05$) nenhum dos parâmetros de composição proximal.

Os efeitos interactivos das vitaminas suplementares e do período de administração das vitaminas são apresentados no Quadro 14. Foram observadas diferenças significativas ($p<0,05$) nos teores de humidade, proteína bruta e extrato livre de azoto.

Foi registado um teor de humidade significativamente mais elevado ($p<0,05$) de 68,10% nas aves alimentadas com dieta suplementada com vitamina A administrada três dias antes da vacinação, enquanto o teor de humidade mais baixo de 65,02% foi registado nas aves alimentadas com dieta suplementada com as vitaminas combinadas (A+C+E) três dias antes da vacinação.

Além disso, foi registado um teor significativamente mais elevado ($p<0,05$) de proteína bruta de 26,61% nas aves alimentadas com uma dieta suplementada com as vitaminas combinadas (A+C+E) administradas três dias antes do período de vacinação, ao passo que foi obtido um teor mais baixo de proteína bruta de 24,09% nas aves alimentadas com uma dieta suplementada com vitamina A três dias antes do período de vacinação.

Além disso, foi registado um teor significativamente ($p<0,05$) mais elevado (6,14%) de extrato livre de azoto (NFE) nas aves alimentadas com dieta suplementada com vitamina C três dias antes do período de vacinação, em relação a um teor significativamente (p<0,05) mais baixo de NFE de 5,42% observado nas aves alimentadas com a dieta de controlo.

**Table 13: Efeito principal do suplemento vitamínico e dos períodos de administração na composição proximal da carne do peito de frangos de carne vacinados contra a doença de Newcastle**

| | | Vitamins | | | | Periods of Administration | |
|---|---|---|---|---|---|---|---|
| **Parameter** | **Control** | **A (0.45mg/kg)** | **C(50mg/kg)** | **E (9.1mg/kg)** | **A+C+E(0.15+16.67+ 3.03mg/kg)** | **PRV** | **PSV** |
| Moisture (%) | 66.12±0.34 | 67.02±0.87 | 65.51±0.35 | 65.42±0.61 | 66.09±0.81 | 66.02±0.46 | 66.03±0.36 |
| Crude Protein (%) | 25.92±0.31 | 24.96±0.72 | 26.04±0.17 | 26.35±0.47 | 25.73±0.68 | 25.76±0.37 | 25.84±0.30 |
| Ether Extract (%) | 1.81±0.06 | 1.73±0.10 | 1.85±0.02 | 1.87±0.08 | 1.83±0.07 | 1.81±0.05 | 1.83±0.04 |
| Ash (%) | 0.75±0.02 | 0.71±0.03 | 0.73±0.01 | 0.77±0.02 | 0.74±0.02 | 0.74±0.02 | 0.75±0.01 |
| Nitrogen Free Extract (%) | 5.42±0.05$^{b}$ | 5.58±0.03$^{ab}$ | 5.88±0.27$^{a}$ | 5.60±0.04$^{ab}$ | 5.61±0.04$^{ab}$ | 5.67±0.12 | 5.56±0.03 |

a,b As médias na mesma linha com diferentes sobrescritos são significativamente diferentes (p <0,05).

PRV: 3 dias de administração de vitaminas antes da vacinação; PSV: 3 dias de administração de vitaminas após a vacinação

**Table 14: Efeito interativo do suplemento vitamínico e dos períodos de administração na composição da carne do peito de frangos de carne vacinados contra a doença de Newcastle**

| **Vitamins** | **Control** | | **A (0.45mg/kg)** | | **C (50mg/kg)** | | **E (9.1mg/kg)** | | **A+C+E (0.15+16.67+ 3.03mg/kg )** | |
|---|---|---|---|---|---|---|---|---|---|---|
| **Periods** | **PRV** | **PSV** | **PRV** | **PSV** | **PRV** | **PSV** | **PRV** | **PSV** | **PRV** | **PSV** |
| **Parameter** | | | | | | | | | | |
| Moisture (%) | 66.11±0.59$^{ab}$ | 66.11±0.59$^{ab}$ | 68.10±1.44$^{a}$ | 65.95±0.43$^{ab}$ | 65.36±0.66$^{ab}$ | 65.66±0.50$^{ab}$ | 65.55±0.85$^{ab}$ | 65.28±1.22$^{ab}$ | 65.02±0.29$^{b}$ | 67.16±1.26$^{ab}$ |
| Crude Protein (%) | 25.92±0.53$^{ab}$ | 25.92±0.53$^{ab}$ | 24.09±1.22$^{b}$ | 25.83±0.27$^{ab}$ | 25.95±0.05$^{ab}$ | 26.13±0.41$^{ab}$ | 26.24±0.64$^{ab}$ | 26.46±0.96$^{ab}$ | 26.61±0.19$^{a}$ | 24.85±1.08$^{ab}$ |
| Ether Extract (%) | 1.81±0.11 | 1.81±0.11 | 1.60±0.14 | 1.86±0.08 | 1.84±0.03 | 1.85±0.05 | 1.86±0.10 | 1.89±0.18 | 1.94±0.06 | 1.73±0.09 |
| Ash (%) | 0.75±0.03 | 0.75±0.03 | 0.68±0.04 | 0.75±0.03 | 0.72±0.02 | 0.75±0.02 | 0.77±0.03 | 0.77±0.05 | 0.77±0.02 | 0.72±0.04 |
| Nitrogen Free Extract (%) | 5.42±0.08$^{b}$ | 5.42±0.08$^{b}$ | 5.54±0.04$^{ab}$ | 5.62±0.05$^{ab}$ | 6.14±0.56$^{a}$ | 5.62±0.03$^{ab}$ | 5.59±0.09$^{ab}$ | 5.61±0.04$^{ab}$ | 5.67±0.02$^{ab}$ | 5.55±0.05$^{ab}$ |

a,b As médias na mesma linha com diferentes sobrescritos são significativamente diferentes (p <0,05).

PRV: 3 dias de administração de vitaminas antes da vacinação; PSV: 3 dias de administração de vitaminas após a vacinação

# CAPÍTULO 5

## 5. 0DISCUSSÃO

O peso final relativamente mais elevado registado nas aves alimentadas com uma dieta suplementada com vitaminas combinadas (A+C+E) pode ser atribuído aos efeitos sinérgicos das vitaminas no aumento do crescimento, como é evidente na redução do consumo de ração com uma melhor utilização da ração. Isto está de acordo com o relatório de Sanda e Oyewole (2015), que afirmaram que as aves alimentadas com uma dieta suplementada com uma combinação de vitaminas A e C tinham um peso corporal final mais elevado quando comparadas com as aves alimentadas com dietas suplementadas individualmente com vitaminas A e C, respetivamente. German e Traber (2001) também relataram que as vitaminas actuam sinergicamente para melhorar o desempenho das aves. O efeito da suplementação dietética com vitamina A, que provocou um peso corporal final elevado semelhante ao da suplementação com vitaminas combinadas (A+C+E), contradiz os relatórios de Rajput *et al.* (2009), que não observaram diferenças significativas entre as aves que receberam água suplementada com vitamina A (8500 UI/litro) e o controlo. A influência positiva da suplementação de vitamina E no peso corporal final indica que o nível suplementar de vitamina E utilizado neste estudo teve um efeito benéfico de promoção do crescimento semelhante aos relatórios de autores anteriores que alimentaram frangos de carne com dietas contendo vitamina E. Sahin *et al.* (2002) afirmaram que a suplementação de vitamina E a 250 mg/kg e 300 mg/kg de dieta resultou num peso corporal significativamente mais elevado com um desempenho ótimo em frangos de carne quando comparado com aves alimentadas com a dieta basal. Observações semelhantes foram também relatadas por Rajmane e Ranade (1994); Arvinda *et al.* (2001); Villar-Patino *et al.* (2002) e Bobade (2006) que alimentaram dietas suplementadas com vitamina E a 300 UI/ kg e relataram um aumento do peso corporal, respetivamente. No entanto, o peso corporal final mais baixo e o ganho de peso diário obtidos nas aves alimentadas com a dieta de controlo sugerem que a síntese endógena de vitamina C e de outras vitaminas necessárias foi inadequada para estimular um aumento de peso comparável.

A taxa de crescimento das aves foi inferior à obtida nos outros grupos de tratamento. Esta observação está de acordo com relatórios anteriores de Raja e Qureshi (2000); Oruseibio e Alu (2006); Sabah *et al.,* (2008); Onu, (2009) que indicam que o ganho de peso diminuiu em aves alimentadas com dieta sem suplementação de ácido ascórbico.

Os efeitos interactivos das vitaminas suplementares e do período de administração em relação ao ganho de peso indicam ainda a influência positiva da suplementação dietética com vitaminas A, C e E na taxa de crescimento dos frangos de carne. Esta observação contradiz os relatórios de Ogbamgba *et al.* (2007) que afirmaram que a suplementação com vitaminas A, C e E não teve efeitos benéficos no crescimento dos frangos de carne. A suplementação dietética com vitaminas não afectou o consumo diário de ração das aves nos diferentes grupos de tratamento, o que implica que a adição de vitaminas às dietas dos frangos de carne não influenciou o consumo de ração dos frangos de carne, o que está em sintonia com os relatórios de Jaffar e Blaha (1996); Blaha e Kroesna (1997), segundo os quais o consumo de ração dos frangos de carne não foi afetado pela suplementação de vitamina C. O melhor rácio de conversão alimentar observado nas aves alimentadas com uma dieta suplementada com as vitaminas combinadas (A+C+E) confirma ainda mais os efeitos sinérgicos positivos das vitaminas combinadas na promoção da utilização da ração, tal como referido por Sanda e Oyewole (2015). Pelo contrário, Ogunwole (2013) não observou diferenças significativas na taxa de conversão alimentar entre aves alimentadas com ácido ascórbico suplementar e o controlo.

Os valores significativamente mais elevados de MCV e MCH nas aves alimentadas com uma dieta suplementada com vitamina C e os teores mais elevados de leucócitos nas aves alimentadas com dietas suplementadas com vitamina A às $14^{t}$ h dia após a administração de Hitchner B1 indicaram que as vitaminas C e A influenciaram positivamente o processo hematopoiético. Também o teor relativamente melhor de Hb (em aves alimentadas com uma dieta suplementada com vitaminas A e C) e o valor de MCHC em aves alimentadas com uma dieta suplementada com vitaminas A às $14^{t}$ h dia após a administração de Lasota também implica que a suplementação dietética com vitaminas A e C melhorou os valores de MCV, MCH, Hb e MCHC. No entanto, os teores mais baixos de Hb e MCHC das aves alimentadas com uma dieta suplementada com as vitaminas combinadas implicam que a ação sinérgica das vitaminas A, C e E não melhorou o processo hematopoiético aos $14^{th}$ dias após a vacinação contra o Lasota. Este facto pode dever-se ao potencial antioxidante variável das vitaminas suplementadas. Este facto é semelhante às conclusões de Afolabi (2011), que concluiu que o número de eritrócitos e outros componentes do sangue diferiam em função do estado nutricional.

No entanto, isto está em desacordo com o relatório de Sanda e Oyewole (2015) que não observaram diferenças nos parâmetros hematológicos de aves alimentadas com uma dieta suplementada individualmente com vitaminas A, C e com uma combinação de vitaminas A e C.

A influência significativa da suplementação dietética de vitamina C sobre os índices eritrocitários (MCV, MCH) no 14º dia pós-Hitchner B1 e Hb, no 14º dia pós-Lasota, pode ser atribuída à capacidade da vitamina C de reduzir o impacto negativo do estresse e, assim, melhorar o estado fisiológico das aves de acordo com Chang *et al.* (1993). Isso está de acordo com o relatório de Oso *et al.* (2013), que concluíram que a suplementação da dieta com vitamina C (2g/kg de dieta) melhorou o PCV, Hb, RBC e WBC de perus adaptados localmente. Os resultados do PCV, Hb, MCV, MCH e MCHC neste estudo estão dentro do intervalo de referência normal, PCV (22-35%), Hb (7-13 g/dl,), MCH (3347 pg) e MCHC (26-35%) para frangos de carne relatados por Feldman *et al.* (2000). Os valores de MCV e Hb obtidos também são consistentes com os indicados por Islam *et al.* (2004).

A suplementação vitamínica não afectou a contagem de glóbulos brancos (WBC) aos 14 dias após a Lasota) e os seus diferenciais. Isto deve-se à influência positiva da suplementação com vitaminas na melhoria dos efeitos negativos dos factores de stress nas aves. Isso é semelhante aos resultados de Farooqi et *al.* (2005); Sanda e Oyewole (2015), que não relataram nenhuma diferença significativa nos glóbulos brancos e nas contagens diferenciais em aves alimentadas com dietas suplementadas com vitaminas. No entanto, a contagem de glóbulos brancos foi significativamente afetada aos $14^{th}$ dias pós-Hitchner B1, tendo as aves alimentadas com uma dieta suplementada com vitamina A registado uma contagem de leucócitos significativamente mais elevada. Este facto é apoiado pelo relatório de Akbari *et al.* (2008) que concluiu que a suplementação da dieta com vitamina A, vitamina E e zinco influenciou positivamente os leucócitos. Embora os diferenciais de leucócitos neste estudo não tenham variado significativamente aos $14^{th}$ dias pós Hitchner B1 e Lasota, os valores obtidos estão dentro da faixa normal para aves saudáveis. Os heterófilos e eosinófilos são granulócitos dos leucócitos e os valores obtidos estão dentro dos valores de referência de 10,00 a 53,60% e 0,00 a 15,00%, para galinhas domésticas saudáveis (Riddell, 2011). Os valores de linfócitos e monócitos também estão dentro da faixa de referência de 47,2 a 85,0 % e 0,06 a 5,0%, para galinhas domésticas saudáveis (Riddell, 2011). O teor de basófilos foi inferior ao intervalo de 1,0 a 5,0 % registado por Simaraks *et al.* (2004). Este facto pode ser atribuído a variações nos factores ambientais.

O título médio de anticorpos de origem materna contra a doença de Newcastle em frangos de carne é de 6,33. Apesar da diferença insignificante observada nos títulos de anticorpos contra as vacinas Hitchner B1 e Lasota nos efeitos principais das vitaminas suplementares e do período de administração. No entanto, verificou-se uma concentração de anticorpos numericamente mais elevada nas aves alimentadas com dietas suplementadas com vitaminas, acima do título protetor normal de 32,00 (Sanda e Oyewole, 2015). O resultado insignificante do título de anticorpos nos efeitos principais pode ser atribuído à quantidade de suplementação vitamínica utilizada, que não foi capaz de estimular a proliferação de linfócitos para uma maior produção de anticorpos. Faluyi *et al* (2014) descobriram que a suplementação de vitamina E a uma taxa comparativamente mais elevada de inclusões na dieta aumentou o título de anticorpos (taxa suplementar de 200 mg/kg) contra a primeira vacinação contra a doença de Newcastle e 100 mg/kg contra a segunda vacinação contra a doença de Newcastle em frangos de carne.

Pelo contrário, nos efeitos interactivos das vitaminas suplementares e do período de administração das vitaminas, observou-se uma concentração de anticorpos significativamente mais elevada nas aves alimentadas com dietas suplementadas com vitamina A administrada três dias antes da vacina de Hitchner B1 e com vitamina E oferecida durante três dias após as vacinas de Lasota. Isto revelou que o período de administração de vitaminas pode aumentar a eficiência do sistema imunitário na produção de anticorpos.

A influência positiva da vitamina A na produção de anticorpos contra a vacinação contra a doença de Newcastle (Hitchner B1) pode ser explicada pelos seus papéis significativos na manutenção das superfícies das mucosas, na geração de respostas de anticorpos, na hematopoiese e nas funções dos linfócitos T e B (Semba, 1999). O efeito da suplementação dietética de vitamina A no sistema imunitário neste estudo é semelhante a relatórios anteriores de Safarizadeh e Zakeri (2013), que descobriram que a suplementação de vitamina A resulta numa melhoria acentuada da produção de anticorpos contra a vacina de Newcastle em frangos de carne. Uni *et al.* (1998) observaram que o consumo de uma dieta deficiente em vitamina A por pintos afectava negativamente a barreira de defesa das mucosas e reduzia o peso da bursa e do timo. A deficiência de vitamina A também causa imunossupressão e reduz a resistência a infecções (Bowman *et al.*, 1990; Friedman *et al.*, 1991).

Leutskaya e Fais (1977) observaram que o teor de anticorpos em frangos é uma função do teor de vitamina A na dieta, uma vez que as aves alimentadas com uma dose elevada de vitamina A na dieta tinham um teor elevado de anticorpos no soro até cinco vezes superior ao do grupo de controlo. Raza *et al.* (1997) observaram que a suplementação dietética excessiva de vitamina A (20 000 UI/ kg de ração) resultou numa melhor resposta imunitária, na atividade fagocítica dos heterófilos e no aumento do peso corporal dos frangos de carne. Dalloul *et al.* (2003) verificaram que o aumento da densidade alimentar de vitamina A resulta numa melhoria do sistema imunitário dos frangos de carne.

O impacto positivo da suplementação dietética de vitamina E na produção de anticorpos neste estudo corrobora ainda mais os relatórios anteriores sobre os benefícios da vitamina E para o estado imunitário em frangos de carne. Isso é semelhante ao relatório de Kammon *et al.* (2012), segundo o qual a suplementação de vitamina E resultou em melhorias acentuadas na imunidade humoral e na patologia dos órgãos linfóides. Meydani e Tengerdy (1992) concluíram que muitas funções do sistema imunitário, incluindo a resistência a infecções, a produção de anticorpos específicos e o número de células produtoras de anticorpos, são alteradas pela suplementação com vitamina E. Hussain *et al.* (2004) afirmaram que a adição de vitamina E e selénio à ração das aves de capoeira aumentou significativamente o título de anticorpos contra o vírus da doença de Newcastle 10 dias após a infeção. Swain e John (2000) também afirmaram que a suplementação com vitamina E melhorava a resposta humoral e resultava em níveis elevados de anticorpos contra o vírus da doença de Newcastle. Os efeitos protectores da vitamina E na saúde animal podem ser atribuídos ao seu papel na redução dos glucocorticóides, que são conhecidos por serem imunossupressores (Golub e Gershwin, 1985). Pelo contrário, estudos demonstraram que a suplementação com vitamina E não teve qualquer impacto positivo no sistema imunitário, melhorando a resistência contra as doenças.

Por exemplo, Qureshi *et al.* (1993) relataram que os frangos de carne alimentados com 100 ou 250 UI de suplemento dietético de vitamina E resultam numa influência insignificante na taxa de produção de anticorpos

A vitamina C também teve uma influência positiva no sistema imunitário das aves devido à produção de um elevado título de anticorpos contra a vacina contra a doença de Newcastle (vacinas Hitchner B1 e Lasota) nas aves alimentadas com uma dieta suplementada com vitamina C, em comparação com as alimentadas com a dieta de controlo. Este facto está de acordo com os relatórios de Sanda e Oyewole

(2015) que descobriram que a suplementação de vitamina C na taxa de 2,5g/25kg de ração resultou em um título de anticorpos alto e duradouro de 2048 em frangos de corte. Elagib e Omer (2012) concluíram que a suplementação com ácido ascórbico pode ser usada para minimizar a suscetibilidade das aves a doenças virais, uma vez que aumenta o título de anticorpos contra o vírus de Newcastle. Tuekam *et al.* (1994) observaram uma correlação positiva entre o título de anticorpos e a suplementação com ácido ascórbico. Lohakare *et al.* (2005) concluíram que a suplementação de vitamina C à taxa de 200 ppm é benéfica para os frangos de carne durante o stress térmico para melhorar o desempenho e a imunidade.

O efeito principal das vitaminas suplementares da dieta e do período de administração sobre as características da carcaça revela diferenças significativas apenas no peso depenado, na asa e no rendimento da moela. Pode inferir-se deste resultado que as vitaminas suplementares da dieta promoveram um melhor crescimento do que o obtido no grupo de controlo. Esse resultado contradiz o de Sanda e Oyewole (2015), que não observaram diferença nos componentes da carcaça de frangos de corte (exceto a porcentagem de cobertura) alimentados com dietas suplementadas com vitaminas A, C e a combinação de vitaminas A e C, quando comparadas ao controle. Neste estudo, a percentagem de preparação não foi influenciada pelas vitaminas suplementares e pelo período de administração das vitaminas. Este facto pode ser atribuído ao ganho de peso diário semelhante observado no efeito principal das vitaminas no desempenho do crescimento entre os grupos de tratamento. O efeito da suplementação de vitamina C sobre as características da carcaça está de acordo com o de Orban *et al.* (1993); Ogunwole *et al.* (2013) que não registaram diferenças significativas na percentagem de molho, coxa, baqueta, peito, costas, pernil, pescoço, moela e baço de frangos de corte alimentados com níveis graduais de ácido ascórbico. No entanto, isto é contrário aos resultados de Ali *et al.* (2010), que afirmaram que a percentagem de coxa, coxa e peito de frangos de carne alimentados com vitamina C na ração ou na água de beber é superior à do controlo. A variação não significativa observada na gordura abdominal em aves alimentadas com dieta suplementada com vitamina C e o controlo, está em conformidade com a de Ali *et al.* (2010) que não relataram diferenças na gordura abdominal de aves alimentadas com 135 ppm de ácido ascórbico suplementar e o controlo. Celik e Ozturkcan (2003); Konca *et al.* (2009) também confirmaram que a suplementação com ácido ascórbico não teve qualquer efeito sobre a produção de tecido adiposo abdominal.

No efeito interativo da suplementação vitamínica e do período de administração nas características da carcaça, os pesos vivos e depenados mais elevados observados nas aves alimentadas com dietas suplementadas com vitamina A devem-se à qualidade de promoção do crescimento da vitamina A (Sahin Kucuk 2001; Safarizedah e Zakeri, 2013). Isso está de acordo com os resultados de Islam e Dutta (2014), que observaram um peso vivo significativamente alto em frangos cruzados alimentados com dieta suplementada com vitaminas A (12500 UI/kg de dieta). O rendimento significativamente elevado do fígado e da moela encontrado em aves alimentadas com uma dieta suplementada com vitamina C, nega os resultados de Konca *et al.* (2009) que relataram que a vitamina C não teve efeitos sobre o rendimento do fígado e da moela.

A avaliação da qualidade da carne é importante para melhorar a produção de carne (Barbera e Tassone, 2006). A perda de água na carne é de importância económica devido aos seus efeitos negativos na perda de peso ao longo da cadeia de distribuição (Okubanjo *et al.*, 2003). Isto afecta a qualidade óptima do consumo e é uma consideração essencial na indústria da carne.

As vitaminas suplementares e o período de administração utilizados neste estudo não tiveram influência significativa nas perdas por cozedura e refrigeração da carne de frangos de carne. A incapacidade de as vitaminas suplementares afectarem as perdas por cozedura e por refrigeração pode também ser atribuída à quantidade de vitaminas suplementadas e/ou à duração da administração das vitaminas (três dias antes e depois da vacinação contra a doença de Newcastle). Isto mostra que a propriedade antioxidante das vitaminas suplementares da dieta não foi suficientemente pronunciada para provocar uma distinção na perda por cozedura e refrigeração nos grupos de tratamento. Isto está de acordo com os relatórios de Wen *et al.* (1997) que descobriram que a capacidade antioxidante da carne de aves de capoeira depende em grande parte da concentração do α-tocoferol contido, que é uma função do nível de acetato de α-tocoferilo na dieta. A vitamina E dietética tem sido investigada principalmente para proteger as membranas celulares dos danos oxidativos. A vitamina E é um antioxidante de quebra de cadeia, que é normalmente incorporado na dieta como acetato de α-tocoferilo e não funciona como antioxidante até ser hidrolisado no trato gastrointestinal. Nos tecidos do corpo, o α-tocoferol está localizado na bicamada fosfolipídica altamente insaturada das membranas celulares, onde evita a oxidação lipídica, funcionando como um eliminador de radicais livres. Pena (2008) confirmou que a adição de níveis graduais de ácido ascórbico e flavonóides cítricos (250, 500, 1000g/tonelada) às dietas de frangos de corte não influenciou os traços de qualidade da carne. Phoprasit (2014) relatou que a suplementação de vitaminas C e E ou a combinação de vitaminas C e E na água potável de frangos de corte não teve efeitos sobre a perda por cozimento. Os resultados do estudo sobre as perdas por cozedura e refrigeração contradizem os relatórios anteriores sobre os efeitos dos antioxidantes na qualidade da carne.

Adebiyi *et al.* (2011) observaram os efeitos benéficos da vitamina E suplementar na perda por cozimento em frangos de corte alimentados com níveis graduais de dietas suplementadas com vitamina E (50150 mg/kg de dieta). Onibi *et al.* (2000) afirmaram que a vitamina E é necessária para os processos celulares, particularmente na respiração celular e no metabolismo dos ácidos nucleicos; capaz de minimizar a oxidação nos tecidos, a vitamina E é considerada o principal antioxidante de quebra de cadeia nas membranas lipídicas, uma vez que actua como um protetor da membrana celular ao aumentar a ordem das membranas lipídicas. Packer *et al.* (1979) concluíram que, quando as vitaminas são combinadas, actuam de forma sinérgica. Um exemplo é a combinação das vitaminas C e E, que actuam como antioxidantes nos sistemas biológicos e quebram a cadeia de peroxidação lipídica nas membranas celulares.

As vitaminas suplementares melhoraram significativamente a composição proximal (humidade, proteína bruta e teor de extrato livre de azoto) da carne de frangos de carne, quando comparadas com o controlo. O teor mais elevado de proteínas brutas registado nas aves alimentadas com uma dieta suplementada com vitaminas combinadas (A+C+E) três dias antes do período de vacinação pode ser atribuído à ação sinérgica das vitaminas combinadas na promoção de processos metabólicos para aumentar a síntese de tecidos corporais, o que também é evidente na utilização dos alimentos e na taxa de crescimento. Existe pouca informação sobre a influência da suplementação com vitamina A na composição proximal da carne de frangos de carne. No entanto, os teores mais elevados de humidade e mais baixos de proteína bruta obtidos em aves alimentadas com uma dieta suplementada com vitamina A podem ser atribuídos à disparidade nos potenciais antioxidantes das vitaminas suplementares. Esta constatação é semelhante ao relatório de Leonel (2007), que concluiu que a suplementação de dietas com vitamina E a 300 ppm na dieta durante diferentes períodos de criação não melhorou o teor total de lípidos dos músculos do peito e da perna dos frangos de carne. Ogunwole *et al.* (2013) observaram uma diferença não significativa na composição química da carne de frangos de carne (humidade, cinzas e teor de extrato etéreo) alimentados com uma dieta contendo níveis variáveis (100-500 ppm) de ácido ascórbico. Kutlu (2001) afirmou que a suplementação dietética de ácido ascórbico diminui o teor de gordura em frangos de carne. Ali e Zahran (2010) relataram que a suplementação de vitamina E na água não afectou o teor de humidade na carne de frangos de carne. Konca (2009) verificou que a substância química

a composição (matéria seca, proteína bruta e teor de cinzas brutas) da carne da coxa não foi afetada pela suplementação com ácido ascórbico na dieta (150 e 300 mg/kg de dieta); e que a suplementação com ácido ascórbico na dieta diminuiu o teor de gordura bruta da carne da coxa dos frangos de carne. As diferenças observadas neste estudo no que diz respeito à composição proximal da carne dos frangos de carne podem ser atribuídas a factores que incluem: estirpes, idade das aves, níveis de inclusão de vitaminas suplementares na dieta e via de administração.

## 5.1 Conclusão

A partir deste estudo, pode concluir-se o seguinte

❖Os frangos de carne alimentados com dietas suplementadas com vitamina A tiveram um peso corporal final mais elevado, enquanto os que foram alimentados com uma dieta suplementada com vitaminas combinadas (A+C+E) tiveram um peso corporal final mais elevado com um melhor rácio de conversão alimentar.

A suplementação com vitaminas C na dieta resultou em valores mais altos de MCV e MCH em frangos de corte aos $14^{th}$ dias após a vacinação com Hitchner B1.

❖A administração de uma dieta suplementada com vitaminas A três dias antes da vacinação contra o Lasota resultou em Hb e MCHC mais elevados, enquanto a suplementação dietética com vitamina C três dias após a vacinação contra o Lasota levou a uma Hb mais elevada às $14^{t}$ h dia após a vacinação contra o Lasota em frangos de carne.

❖Os frangos de carne alimentados com uma dieta suplementada com vitamina A três dias antes de Hitchner B1 e os que receberam uma dieta suplementada com vitamina E três dias depois de Lasota apresentaram um título de anticorpos séricos mais elevado contra as vacinas contra a doença de Newcastle.

Os pesos vivo e depenado foram superiores nos frangos de carne alimentados com dietas suplementadas com vitamina A três dias antes da vacinação contra a doença de Newcastle.

❖A carne de frangos de carne alimentados com dietas suplementadas com vitaminas combinadas (A+C+E) três dias antes da vacinação tinha um teor mais elevado de proteínas brutas, ao passo que se obteve um teor mais elevado de extrato livre de azoto na carne de frangos de carne alimentados com uma dieta suplementada com vitamina C três dias antes da vacinação.

## 5.2 Recomendações

Deste estudo foram extraídas as seguintes recomendações

Para melhorar o desempenho de crescimento no que diz respeito ao peso corporal final e ao rácio de conversão alimentar, a suplementação da dieta de frangos de carne com vitaminas combinadas

A+C+E (0,15+16,67+3,03 mg/kg de dieta) pode ser adoptada em frangos de carne.

Para obter melhores valores de MCV e MCH aos $14^{th}$ dias após Hitchner B1, deve ser considerada a administração de dietas suplementadas com vitamina C (50 mg/kg).

A administração de dietas suplementadas com vitaminas A (0,45mg/kg) três dias pré-Lasota e vitamina C (50 mg/kg) três dias pós-Lasota pode ser adoptada para melhorar as contagens de hemoglobina aos $14^{th}$ dias pós-Lasota em frangos de carne.

❖Para aumentar a produção de anticorpos contra a doença de Newcastle em frangos de carne, deve ser adoptada a administração de vitamina A (0,45mg/kg) numa dieta suplementada três dias antes das vacinas de Hitchner B1 e de vitamina E (9,1mg/kg) numa dieta suplementada três dias após as vacinas de Lasota.

Para melhorar a qualidade da carne no que diz respeito à proteína bruta e ao teor de extrato livre de azoto, deve ser considerada a administração de uma dieta combinada de vitamina A+C+E (0,15+16,67+3,03 mg/kg) e de vitamina C (50 mg/kg) três dias antes da vacinação contra a doença de Newcastle em frangos de carne.

Devem ser efectuados mais estudos utilizando níveis mais elevados de suplementação de vitaminas (A, C e E) em relação aos períodos de administração (pré ou pós-vacinação) em frangos de carne e outras espécies de aves de capoeira.

## REFERÊNCIAS


Adebiyi, O.A., Adu, O.A. e Olumide, M.D. 2011. Características de desempenho e qualidade da carcaça de pintos de carne de frango sob alta densidade de estocagem alimentados com dieta suplementada com vitamina E. *Revista de Agricultura e Biologia da América do Norte* 2(8): 1160-1165

Afolabi, K.D., Akinsoyinu, A.O., Abdullah, A.R.O., Olajide, R. e Akinleye, S.B. 2011 Parâmetros hematológicos dos frangos de criação local nigerianos alimentados com diferentes níveis de bagaço de palmiste na dieta. *Agricultura* 17(1): 74-78.

Akbari, M.R., Kermanshahi, H., Moghaddam, H.N., Moussari, A.R.H. e Afshari, J.T. 2008. Effects of wheat-soybean meal based diet supplementation with vitamin A,vitamin E and Zinc on blood cells, organ weights and humoral immune response in broiler chickens, *Journal of Animal and Veterinary Advances* 7 (3): 297-304

Alexander, D.J e Senne, D.A. 2008. Newcastle disease and other avian paramyxoviruses. L. D. Zavala, ed. Omnipress. 135-141

Alexander, D.J. 2003. Doença de Newcastle, outros paramixovírus aviários e infeção por pneumovírus. In: Saif, Y.M, *et al.,* (eds). Diseases of poultry. Iowa State University Press, Ames, U.S.A. pp 64-87.

Al-Garib, S.O., Gielkens, A.L.J. e Koch, G. 2003. Review of Newcastle disease virus with particular references to immunity and vaccination. *World Poultry Science Journal* 59: 185-197.

Ali, F.H. e Zahran, D.A. 2010. Efeito dos factores de crescimento na qualidade da carne de frango durante o armazenamento a frio. *Advance Journal of Food Science and Technology* 2(4): 219-226.

Ali, M.T., Howlider, M.A.R., Azad, A.K. e Rahman, M.S. 2010. Suplementação de vitamina C e electrólitos para apoiar o crescimento e a produção de carne de frangos de carne num ambiente quente e húmido. *Jornal da Universidade de Agricultura do Bangladesh* 8(1): 57-60.

Allan, W.H. e Gough, R.E. 1974. A standard haemagglutination inhibition tests for Newcastle disease (1) A comparison of macro and micro methods. *Veterinary Record* 95: 120-123.

Allen, C.D., Russell, S.M. e Fletcher, D.L. 1997. The relationship of broiler breast meat color and pH to shelf-life and odor development. *Poultry Science* 76: 1042-1046.

AOAC, 2005. Official Method of the Association of Official Analytical Chemists. 17ª edição, AOAC, Washington, DC. EUA. pp 21-447.

Akpantaku S.O., Omotayo, A.M. e Oyesola, A.B. 1998. Poultry farmers willingness to participate in

Nigerian Agricultural Insurance scheme in Ogun State, Nigeria (Eds). Oduguwa, O.O., Fanimo A.O. e Osinowo, O.A. *Actas da Conferência do Silver Anniversary, Nigerian Society for Animal Production* Gateway Hotel, Abeokuta 24-26 de março de 1998.

Arvinda, K.L., Gowda, C.V., Manjunath, B.P., Rajendera, A.Y. e Ganpule, S.P. 2001. Influence of dietary level of selenium and vitamin E on growth, immunity and carcass traits in broiler chickens. *Indian Journal of Poultry Science* 36(1): 58-62.

Attai. Y.A. Hassan, R.A. e Qota, M.A. 2009. Recuperação do efeito adverso do stress térmico em pintos de crescimento lento nos trópicos 1: Efeito do ácido ascórbico e de diferentes níveis de betaína. *Tropical Animal Health and Production* 41: 807-818

Awotuyi, E.K. 1990. Um estudo do valor hematológico de base de frangos domésticos e comerciais no Gana. *Boletim Produção Animal África* 38: 453-458.

Ayo, J.O., Oladele, S.B. e Fayoni, A. 1996. Efeito do stress térmico na produção animal. A review. *Nigerian Veterinary Journal,* edição especial 1(1): 58-68.

Baker, F.J. e Silverton, R.E. 1985. Introduction to Medical Technology. 6ª edição Butterworth and Co Publishing Company. pp 523-531

Barbera, S. e Tassone S. 2006. Encolhimento na cozedura da carne. Medição de um novo parâmetro de qualidade da carne. *Meat Science.* 39: 234-238

Bashir, I.N., Munir, M.A., Saeed, M.A., Raz, A. e Raza, F.K. 1998. Immunomodulatory effects of water soluble vitamins on heat stressed broiler chickens. *Indian Journal of Animal Nutrition.* 15: 11-17

Benedich, A. 1990. Vitaminas antioxidantes e a sua função na resposta imunitária. In: Advances in Experimental Medicine and Biology 262: 3555 Plenum Press, New York, NY.

Blaha, J. e Kroesna, K. 1997. Effect of vitamin and electrolytes supplements on broiler's performance, slaughter value and chemical composition of meat during the heat stress. Universidade de Agricultura, Praga Press 30: 103-113.

Boa-Amponsem, K., Price, S.E., Picard, M., Geraert, P.A. e Siegel, P.B. 2000.

Vitamina E e respostas imunitárias de frangos de carne de linha pura. *Poultry Science* 79: 466-470.

Bobade, S.P., Sarag, A.N., Rekhate, D.H., Dhok, A.P. e Joge, S.V. 2009. Efficacy of vitamin E and selenium on growth performance of broilers (Eficácia da vitamina E e do selénio no desempenho do crescimento de frangos de carne). *Veterinary World* 2(1): 2021.

Boren, B. e Bond, P. 1996. Vitamin E and immune-competence. Broiler Industry, pp 26-33.

Bourre, J.M. e Galea, I.F. 2006. Uma fonte importante de ácidos gordos Ómega 3, vitamina D e E, carotenóides, iodo, selénio; um novo ovo natural multi-enriquecido. *Journal of Nutrition, Health and Ageing* 10: 371-376.

Bowman, T.A., Goonewardene, I.M., Pasatiempo, A.M., Ross, A.C. e Taylor, C.E. 1990. A deficiência de vitamina A diminui a atividade das células assassinas naturais e a produção de interferão em ratos. *Journal of Nutrition* 120: 1264-1273.

Buckley, D.J. e Morrissey, P.A. 1992. Destaques da produção animal. In: Vitamin E and Meat Quality, Hoffmann-La Roche Ltd., Basileia, Suíça, pp 24-27

Buettner, G.R. 1993. The pecking order of free radicals and antioxidants: lipid peroxidation, α-tocopherol and ascorbate. *Archives of Biochemistry and Biophysics* 300: 535-543.

Butcher, G.D., Miles, R.D., e Nilipour, A.H. 2011. Reação à vacina contra a bronquite infecciosa e de Newcastle em frangos de carne comerciais. Medicina Veterinária. Instituto de Ciências Alimentares e Agrícolas. Universidade da Flórida. pp 1-4

Caire-Juvera, G., Ritenbaugh, C., Wactawski-Wende, J., Snetselaar, L.G. e Chen, Z. 2009. Consumo de vitamina A e retinol e risco de fracturas entre as participantes do Women's Health Initiative Observational Study. *American Journal of Clinical Nutrition* 89: 323-330.

Catharine, R.A. 2012. Vitamina A e ácido retinóico na imunidade relacionada às células T.

*American Journal of Clinical Nutrition* 96 (suppl): 1166-1172

Celik, L. e Oztuurkcan, O. 2003. Effect of dietary supplemental L-carnitine and ascorbic acid on performance, carcass composition and plasma L-carnitine concentration of broiler chicks reared under different temperature. *Arch. Tieremahrung* 57: 27-38.

Chang, K.C., Chong, W. S. Sohn, D. Kwon, B. H. Lee, I. J. Kim, C.Y. Yang, J.S. e Joo, J. I. 1993. Potenciação endotelial da resposta de relaxamento ao ácido ascórbico na aorta torácica de ratos e porquinhos-da-índia. *Life Science* 52:37-42.

Clagett-Dame, M. e DeLuca, H.F. 2002. The role of vitamin A in mammalian reproduction and embryonic development (O papel da vitamina A na reprodução dos mamíferos e no desenvolvimento embrionário). *Annual Review of Nutrition* 22: 347-381.

Colnago, G.L., Jensen, L.S, e Long, P.L. 1984. Effect of selenium and vitamin E on the development of immunity to coccidiosis in chickens. *Poultry Science* 63: 1136- 1143

Cook, M.E. 1991. Nutrition and the immune response of the domestic fowl. *Critical Review Poultry Biology* 3:167-189.

Coşkun, B., Inal, F., Celik, I., Erganis, O. e Tiftik, A.M. 1998. Efeitos dos níveis dietéticos de vitamina A na produção de ovos e nas respostas imunitárias das galinhas poedeiras. *Poultry Science* 77: 542-546

Dacie, J.V. e Lewis, S.M. 1995. Practical heamatology, 7th Edition, Churchill Livingstone Edinburg, Londres, pp:12-17.

Dalloul, R.A., Lillehoj, H.S., Shellem, T.A. e Doerr, J.A. 2002. Effect of vitamin A deficiency on host intestinal immune response to *Eimeria acervulina* in broiler chickens, *Poultry Science* 81: 1509-1515.

Davis, C.Y. e Sell, J.L. 1983. Effect of all-trans retinol and retinoic acid nutriture on the immune system of chicks. *Journal of Nutrition* 113: 1914-1919.

Elkheir, S., Mohammed, M.K., Ahamed, M.M. e Abdelgadir, S.M. 2008. Effect of feed restriction and ascorbic acid supplementation on performance of broiler chicks under heat stress (Efeito da restrição alimentar e da suplementação com ácido ascórbico no desempenho de frangos de carne sob stress térmico). *Research Journal of Animal and Veterinary Sciences* 3: 1-8.

Erf, G.F. 2004. Cell-mediated immunity in poultry, *Poultry Science* 83: 580-590.

Erf, G.F. 2007. Sistema imunitário das aves. In: Infectious bursal disease and its role in immune-suppression. Watt Poultry USA. webinar.

Faluyi, O.B., Agbede, J.O., Adebayo, I.A. e Adegbenro. M. 2014. Avaliação da suplementação dietética de vitamina E nas características de desempenho e imunocompetência de frangos de corte *Archivos Zootechnica* 17(2): 27-39

Faria D.E., Mazalli, M.R., Salvador, D., Junqueria, O.M. e Souza, P.A. 1999. Influência de diferentes níveis de vitaminas D e C e da idade de galinhas poedeiras sobre o desempenho e a qualidade dos ovos no inverno. Poultry Science Association, 88th Annual Meeting, August 811, Springdale, Arkansas pp 91

Farooqi, H.A.G., Khani, M.S., Khan, A. Rabbani, M. Pervez, K. e Khan, J.A. 2005. Avaliação da betaína e da vitamina C na atenuação do stress térmico *International Journal of Agriculture and Biology* 7: 744-746.

Feldman, B.F., Zinkl, J.G., e Jain, N.C.: 2000. Schalm's Veterinary Hematology. 5ª edição, Lippincot Williams and Wilkins, Baltimore.

Organização das Nações Unidas para a Alimentação e a Agricultura (FAO), 2006. Boletim de emergência sobre a gripe aviária 41. FAO, Roma.

Franchini, A., Bertuzzi, S. e Meluzzi, A. 1986. The influence of high doses of vitamin E on the immune response of chicks to inactivated oil adjuvant vaccine. *La Clinica Veterinaria* 109: 117-127.

Freidman, A., Meidovaky, A., Leitner, G. e Sklan, D. 1991. Decreased resistance and immune response to *Escherichia coli* infection in chicks with low or high intakes of vitamin A. *Journal of Nutrition,* 121: 395-400.

Friedman, A. e Sklan, D. 1989. Antigen-specific immune response impairment in the chick as influenced by dietary vitamin A. *Journal of Nutrition* 119: 790-795

Friedman, A. e Sklan, D. 1997. Effects of retinoids on immune responses in birds (Efeitos dos retinóides nas respostas imunitárias das aves). *World Poultry Science Journal,* 53: 186-195.

Friedman, A., Bartov, I. e Sklan, D. 1998. Humoral immune response impairment following excess vitamin E nutrition in the chick and turkey. *Poultry Science* 77: 956962.

German, J.B. e Traber, M.G. 2001. Nutrientes e oxidação: Acções, transporte e metabolismo dos antioxidantes dietéticos. In: Rucker, R.B., Suttie, J.W., Mccormick, D.B. e Machlin, L.J. Handbook of vitamins. 3r d Eds. Nova Iorque: Marcel Dekker. 569588.

Gershwin, M., Beach, R. e Hurley, L. 1985. O impacto potente dos factores nutricionais na resposta imunitária. In: Nutrition and Immunity. pp 1-7. Academic Press, Nova Iorque.

Golub, M.S. e Gershwin, M.E. 1985. Imunomodulação induzida pelo stress: o que é, se é? Em "Animal Stress" (G.P. Moberg, edição). *American Journal of Physiological Society,* Bethesda, Maryland, pp 114.

Google Earth, 2015. www.googleearth.com

Gore, A.B. e Qureshi, M.A. 1997. Enhancement of humoral and cellular immunity by vitamin E after embryonic exposure, *Poultry Science* 76: 984-991

Gous, R.M. e Morris, T.R. 2005. Intervenções nutricionais para atenuar o efeito das temperaturas elevadas na produção de frangos de carne. *World Poultry Science* 61: 463-475.

Harmon, B.G. 1998. Avian heterophils in inflammation and disease resistance. *Poultry Science.* 77: 972-977.

Halevy, O., Yahav, S. e Rozenboim, I. 2006. Enhancement of meat production by environmental manipulations in embryo and young broilers (Melhoramento da produção de carne através de manipulações ambientais em embriões e frangos jovens). *World's Poultry Science Journal*(62)3: 485-495.

Hossain, S.M., Barreto, S.L., Bertechini, A.G., Rios, A.M. e Silva, C.G. 1998. Influência do nível de vitamina E na dieta sobre a produção de ovos de frangos de corte e sobre o crescimento e a resposta imunitária da descendência em comparação com a descendência de ovos injectados com vitamina E. *Animal Feed Science and Technology* 73: 307-317.

Hussain, M.I., Khan, S.A., Chaudhary, Z.I., Aslam, A., Ashra, K. e Rai, M.F. 2004. Effect of organic and inorganic selenium with and without vitamin E on immune system of broilers. *Pakistan Veterinary Journal* 24: 1-4.

Igene, J.O. e Pearson, A. M. 1979. Role of phospholipids and triglycerides in warmed-over flavor development in meat model systems. *Journal of Food Science* 44: 1285-1290.

Islam, M.S. e Dutta, R.K. 2014. Impactos da vitamina A e aminoácidos essenciais no desempenho do crescimento, capacidade de sobrevivência, características da carcaça e rentabilidade de um frango cruzado (*Gallu s d o m e s t i c u s* L.) em Rajshahi, Bangladesh, *International Journal of Scientific Research in Environmental Sciences*, 2(5): 174-183

Islam, M.S., Lucky, N.S., Islam, M.R., Ahad, A., Das, B.R., Rahman, M.M. e Siddiui, M.S.I. 2004. Haematological parameters of fayoumi, Assil and local chicken reared in Sylhet region in Bangladesh. *International Journal of Poultry Science* 3: 144-147.

Jaffar, G.H. e Blaha, J. 1996. Effect of ascorbic acid supplementation in drinking water on growth rate, feed consumption and feed efficiency of broiler chickens maintained under acute heat stress conditions, University of Agriculture, Praga Press, 41(1): 485-490.

Jain, N.C. 1986. Schalm's veterinary haematology. 6[t] h edition. Lea and Fabinger, Philadelphia. U.S.A. pp 178-207

Jiang, Y.H., McGeachin, R.B., e Bailey, C.A. 1994. α-Tocoferol, β-caroteno e enriquecimento de retinol em ovos de galinha. *Poultry Science* 73: 1137-1143.

Kammon, A.M., Brar, R.S., Banga, H.S. e Sodhi, S. 2012. Efeitos melhoradores da vitamina E e do selénio nas alterações imunológicas induzidas pela toxicidade crónica do imidaclopride em galinhas. *Jornal de Toxicologia Ambiental e Analítica* S4: 7

Karamouz, H., Shahriyar, H.A., Gorbani, A.N., Sis, N.M. e Jamshid, G.G. 2010. Efeito de vitaminas, minerais e probióticos na produção de anticorpos e no ganho de peso vivo após a vacinação com BCRDV em frangos de carne. Bang. 1.2 *Medicina Veterinária* 6: 31-36.

Kennedy, D.G., Rice, D.A., Bruce, E.A., Goodall, E.A. e McIlroy, S.G. 1992. Economic effects of increased vitamin E supplementation of broiler diets on commercial broiler production. *British Poultry Science* 33: 1015-1023.

Khan, R.U. 2011. Antioxidantes e qualidade do sémen de aves de capoeira. *World Poultry Science* 67: 297-308.

Klasing, K.C. 1997. Interação entre nutrição e doenças infecciosas. In: Diseases of Poultry, B. W. Calnek, edição. pp 73-80. Iowa State University Press, Ames, IA.

Klasing, K.C. 1998. Nutritional modulation of resistance to infectious diseases (Modulação nutricional da resistência a doenças infecciosas). *Poultry Science* 77: 1119-1125.

Kogut, M.H. 2000. Cytokines and prevention of infectious disease in poultry: a review. *Avian Pathology* 29: 395-404.

Konca, Y., Kirkpinar, F., Mert, S., e Yurseven, S., 2009. Effect of dietary ascorbic acid supplementation on growth performance, carcass, bone quality and blood parameters in broilers during natural summer temperature. *Asian Journal of Animal and Veterinary Advances*, 4 (3): 139-147.

Konjufca, V.K., Bottje, W.G., Bersi, T.K. e Erf, G.F. 2004. Influence of dietary vitamin E on phagocytic functions of macrophages in broilers (Influência da vitamina E na dieta sobre as funções fagocíticas dos macrófagos em frangos de corte). *Poultry Science.* 83: 1530-1534

Kutlu, H.R. 2001. Influências da alimentação húmida e da suplementação com ácido ascórbico no desempenho e na composição da carcaça de pintos de carne expostos a um ambiente elevado. *Arch Tierenrnabrungi*, 54:127-139.

Leonel, F.R., Oba, A., Pelicano, E.R.L., Zeola, N.M.B.L., Boiago, M.M., Scatolini, A.M., Lima, T.M.A., Souza, P.A. e Souza, H.B.A. 2007. Desempenho, rendimento de carcaça e características qualitativas dos músculos do peito e da perna de frangos de corte alimentados com dietas suplementadas com vitamina E em diferentes idades, *Revista. Brasileira. de Ciencia. Avicola.* Volume 9: 2

Leshchinsky, T.V. e Klasing, K.C. 2001. Relationship between the level of dietary vitamin E and the immune response of broiler chickens. *Poultry Science* 80: 1590-1599.

Leslie, J. 2000. Newcastle disease: outbreak losses and control policy costs. *Registo Veterinário* 146: 603-606.

Lessard, M., Hutchings, D. e Cave, N.A. 1997. Cell-mediated and humoral immune responses in broiler chickens maintained on diets containing different levels of vitamin A. *Poultry Science* 76: 1368-137

Leutskaya, Z.K. e Fais, D. 1977. Estimulação da síntese de anticorpos pela vitamina A em galinhas. *Biochimica et Biophysica Ata* 475: 207-216.

Lillehoj, H.S. e Trout, J.S. 1996. Tecidos linfóides associados ao intestino das aves e respostas imunitárias intestinais a *espécies de Eimeria. Clinical Microbiology Review* 9: 349-360.

Lin, H., Wang, L.F., Song, J.L., Xie, Y.M. e Yang Q.M. 2002. Effect of dietary supplemental levels of vitamin A on the egg production and immune responses of heat- stressed laying hens. *Poultry Science* 81: 458-465.

Lohakare, J.D., Ryu, M.H., Hahn, T.W., Lee, J.K. e Chae, B.J. 2005. Effects of supplemental ascorbic acid in the performance and immunity of commercial broilers (Efeitos do ácido ascórbico suplementar no desempenho e na imunidade de frangos de corte comerciais). *Journal of Applied Poultry Research* 14 (1): 10-19.

March, B.E., Coates, V. e Goudie, C. 1972. Atraso no tempo de eclosão de pintos de mães alimentadas com excesso de vitamina A e de ovos injectados com vitamina A. *Poultry Science* 51: 891-896

Marsh, J.A., Dietert, R.R. e Combs, G.F. 1981. Influence of dietary selenium and vitamin E on the humoral immune response of chicks (Influência do selénio e da vitamina E na resposta imunitária humoral dos pintos). *Actas da Sociedade de Biologia Experimental e Medicina.* 166: 228-236.

McCuaig, L.W. e Motzok, I. 1970. Excessive dietary vitamin E: its alleviation of hypervitaminosis A and lack of toxicity. *Poultry Science* 49: 1050-1052.

McDowell, L.R. 1989. Vitamin in Animal nutrition: vitamin C, folacin in: McDowell, L.R. (edição) *Comparative Aspect to human nutrition* pp 298-322.

Mcllroy, S.G., Goodall, E., Rice, D., McNulty, M. e Kennedy, D.G. 1993. Melhoria do desempenho em bandos de frangos comerciais com doença infecciosa bursal subclínica quando alimentados com dietas que contêm concentrações acrescidas de vitamina E. *Avian Pathology* 22: 81-94.

Mendonça, Jr C.X., Almeida, C.R.M., Mori, A. V. e Watanabe, C. 2002. Efeito da vitamina A da dieta nos níveis de retinol e tocoferol da gema do ovo. *Journal of Applied Poultry Research* 11: 373-378

Meydani, S. N. e Tengerdy, R. F. (1992) Vitamin E and immune response. In: Vitamin E in Health and Disease (Packer, L. e Fuchs, J., eds.), pp. 549-561. Marcel Dekker, Nova Iorque, NY

Meydani, S.N. e Beharka, A.A. 1998. Desenvolvimentos recentes em vitamina E e resposta imunitária. *Nutritional Review.* 56: S49-58

Morrissey, P. A., Buckley, D. J., Sheehy, P. J. A. e Monahan, F. J. 1994. Vitamin E and meat quality (Vitamina E e qualidade da carne). *Proceedings of the Nutrition Society* 53: 289-295.

Mullin, G.E. 2011. Vitamina A e Imunidade. *Nutrição na Prática Clínica* 26: 495496

Mustafa, R., Hakim, A.S., Azizullah, M., Rab, N. S., Hidayatullah, S. e Nissar, A. U. 2012. Efeito de várias fontes de proteína no desempenho de crescimento de frangos de corte. *Revista Internacional de Investigação sobre Plantas Medicinais* 1: 38-44.

Conselho Nacional de Investigação (NRC) 1987. Vitamin tolerance of Animals (Tolerância vitamínica dos animais). National Academy Press, Washington, DC.

Conselho Nacional de Investigação (NRC) 1994. Nutrient Requirements of Poultry, National Academy Press, Washington, DC.

NCERD. 2000. Raising healthier Nigeria. Centro Nacional de Investigação e Desenvolvimento Energético, Universidade da Nigéria, Nsukka, Nigéria. Relatórios de projectos patrocinados pela UNISPAR/UNESCO 9: 70-76.

Nockels, C.F. 1979. Efeitos protectores da vitamina E suplementar contra a infeção. *Actas da Federação,* 38: 2134-2138.

Nockels, C.F. 1984. Efeito do ácido ascórbico no metabolismo das galinhas. In: WEGGER, I., TAQWERKER, F. J. e MOUSTGAARD, J, (Eds) ascorbic acid in domestic animal (Royal Danish. Agric. Soc. Copenhagen)

Nolan, J., Hinch, G., Twaites, J. e Walkden-Brown, S. 1999. Constraints to animal production. Capítulo 2: Restrições climáticas. Documento de estudo 12. Animal Science Group Publisher, Austrália.

O'Byrne, S.M. e Blaner W.S. 2013. Retinol e ésteres de retinilo. *Bioquímica e Fisiologia Jornal de Pesquisa de Lípidos* 54: 1731-1743.

Oluyemi, J.A. e Roberts, F.A. 2000. Poultry production in warm wet climates (Produção de aves domésticas em climas quentes e húmidos). 4ª Edição Macmillan Press Ltd, Nigéria. pp144-160

Ogbamgba K.O, Omiete, A.J. e Wekhe, S.N. 2007. The Comparative Effects of the Administration of Vitamins A, E and C on the Growth of Broilers in the Tropic. *Tropical Journal of Animal Science,* 10 (1-2): 93-97.

Ogunwole, O.A., Oso, Y.A.A., Omotoso, R.R., Majekodunmi, B.C., Ayinde, B.O. e Oikeh, I. 2013. Desempenho, características da carcaça e propriedades físico-químicas da carne de frangos de corte alimentados com níveis graduados de ácido ascórbico suplementar. *Revista de Agricultura e Biologia da América do Norte* 4(4): 485-495.

OIE, 2012. Capítulo 2.3.14. Doença de Newcastle. In: Manual da OIE para animais terrestres: manual de testes de diagnóstico e vacinas para animais terrestres. *Organização Mundial da Saúde Animal.* Paris. França.

Okunbanjo, O.A., Omojola, A.B., Ogunsola, O.O., Adewumi, M.K., Ajiboro, G., Alabi, G.F. e Babayemi, O.J. 2003. Características da carne de bovinos das raças bunaji, Gudali e Keteku. *Tropical Animal Production* 6: 185

Onibi, G.E., Scaife, J.R., Murray, I. e Fowler, V.R., 2000. Supplementary α- tocopherol acetate in full-fat rapeseed-based diets for pigs: Effect on performance, plasma enzymes and meat drip loss. *Journal of the Science of Food and Agriculture,* 80: 1617-1624.

Onu, P.N. 2009. Desempenho do crescimento, características da carcaça e benefícios económicos do ácido ascórbico suplementar em frangos de carne expostos ao stress térmico. ARPN *Journal of Agricultural and Biological Science* 4: 5. Asian Research Publishing Network (ARPN).

Orban, J.I., Roland, D.A., Cummins, K. e Lovell, R.T. 1993. Influences of large doses of ascorbic acid on performance, plasma calcium, bone characteristics and egg shell quality in broilers and leghorn hens. *Poultry Science* 72: 691-700.

Oruseibio, S.M., e Alu, E.U. 2006. Respostas de aves de corte à suplementação de ácido ascórbico. *Nigeria Poultry Science Journal* 4: 12-15

Packer, J.E., Slater, J.F. e Willson, R.L. 1979. Observação direta de uma interação de radicais livres entre a vitamina E e a vitamina C. *Nature,* 278: 737-738.

Packer, L. e Suzuki, Y. 1993. Vitamina E e alfa-lipoato: Papel na reciclagem antioxidante e ativação do fator de transcrição NF-κB. *Molecular Aspects of Medicine* 14:229-239.

Pardue, S.L., Thaxton, J.P. e Brake, J. 1985. Influence of supplemental ascorbic acid on broiler performance following exposure to high environmental temperature *Poultry Science,* 64: 1334-1338.

Pearson, A.M., Gray, J.I., Wolzak, A.M. e Horenstein, N.A., 1983. Implicações de segurança dos lípidos oxidados nos alimentos. *Food Technology* 37: 121-129.

Pena, J.E.M., Vieira, S.L., López, J., Reis, R.N., Barros, R., Furtado, F.V.F. e Silva, P.X. 2008. Ácido ascórbico e flavonóides cítricos para frangos de corte sob estresse térmico: efeitos no desempenho e na qualidade da carne, *Revista. Brasileira. de Ciencia. Avicola.* Volume 10: 2

Phoprasit, P., Bunchasak, C., Rakangthong, C. e Poeikhampha, T. 2014. Efeitos da adição de vitaminas e ácidos orgânicos à água potável no desempenho do crescimento, rendimento da carcaça e qualidade da carne de frangos de corte criados em condições tropicais. *Jornal de Ciências Aplicadas,* 14: 3493-3499.

Pietrasik, Z., Aalhus, J.L., Gibson, L.L. e Shand, P.J. (2010). Influência da amaciamento da lâmina, do aumento da humidade e do tratamento com enzima pancreatina nas características de processamento e na tenrura do músculo semi-tendinoso da carne de bovino. *Meat Science,* 84: 512-517.

Qureshi, M.A. 2003. Avian macrophage and immune response: An overview. *Poultry Science* 82: 691-698.

Qureshi, M.A., Ferket, P.R. e Garlich, J.D. 1993. Effect of dietary supplementation of vitamin E on the immune function of turkey poults. *Poultry Science* 72 (Suppl. 1): 56. Abstrato.

Qureshi, M.A., Hussain, I. e Heggen, C.L. 1998. Understanding immunology in disease development and control (Compreender a imunologia no desenvolvimento e controlo das doenças). *Poultry Science* 77: 1126-1129.

Raja, A.Q. e Qureshi, A. 2000. Effectiveness of supplementation of vitamin C in broiler feeds in hot season (Eficácia da suplementação de vitamina C em alimentos para frangos de corte na estação quente). *Pakistan Veterinary Journal* 20: 100.

Rajmane, B.V. e Ranade, A.S. 1994. Effect of dietary vitamin E and C on growth and immune response of broilers. *Indian Journal of Poultry Science.* 29(2): 78.

Rajput, A.B., Kolte, B.R., Shisodiyal, J.M., Chandankhedel, J.M. e Chahande, J.M 2009. Effect of viatmin A, vitamin C, vitamin E and levamisole on performance of broilers. *Veterinary World* 2(6): 225-227.

Rama-Rao, S.V., Raju, M.V.L.N. e Nagalakshmi, D. 2004. Nutritional modulation to enhance immunity in chickens (Modulação nutricional para aumentar a imunidade em frangos). *Poultry International.* Watt Publishing Co. 24-29.

Ratcliffe, M.J.H. 1989. Development of the avian B-lymphocyte lineage CRC *Critical Reviews in Poultry Biology.* 2: 207-234.

Raza, S.A., Khan, F.K., Raza, M. A., Saeed, 1.N. e Bashir, A. 1997. Effects of Vitamin-A on growth traits, immunoregulatory organs and immune response in broiler chicken *Journal of Applied Animal Research* 12: 81-88

Riddell, C. 2011. Anatomia comparada, histologia e fisiologia da galinha. Department of Pathology, Western College of Veterinary Medicine, University of Saskatchewan, Saskatoon, Saskatchewan, Canada S7N 0W0. pp 37.

Ritchie, B.W., Harrison, J.G. e Harrison, R.L. 1994. Avian Medicine. Winger's Publishing, Inc., Florida. pp 176-198.

Sabah, E.M.K., Mohammed, A.M.M., e Abdel, G.S.M. 2008. Effect of feed restriction and ascorbic acid supplementation on performance of broiler chicks reared under heat stress (Efeito da restrição alimentar e da suplementação com ácido ascórbico no desempenho de pintos de carne criados sob stress térmico). *Research Journal of Animal and Veterinary Sciences* 3: 1-8.

Safarizadeh A. e Zakeri A. 2013. O efeito da vitamina A e do complexo de vitamina E e selénio nos factores de crescimento e na imunidade humoral em frangos de carne *European Journal of*

*Experimental Biology* 3(4): 99-102.

Sahin, K. e Kucuk, O. 2001. Effects of vitamin C and vitamin E on performance, digestion of nutrients and carcass characteristics of Japanese quails reared under chronic heat stress ($34^0$ C). *Journal of Animal Nutrition,* 85(11-12): 335-41.

Sahin, K., Sahin, N. e Kucuk, O. 2002. Effects of dietary chromium and ascorbic acid supplementation on digestion of nutrients, serum antioxidant status, and mineral concentrations in laying hens reared at a low ambient temperature. *Biological Trace Element Research* 87(1-3): 113-124.

Sanda, M.E. e Oyewole, B.O. 2015. Efeitos das vitaminas A e C no desempenho, resposta imunitária e hematologia de frangos de carne vacinados contra a doença de Newcastle. *Revista Internacional de Estudos de Investigação em Biociências* 3(5): 37-42

SAS (Statistical Analysis System). 2010. Versão 9.3, SAS, Institute Inc., Carry NC. Carry NC., EUA.

Scott, T.R. 2004. Our current understanding of humoral immunity in poultry (A nossa compreensão atual da imunidade humoral nas aves de capoeira). *Poultry Science* 83: 574-579.

Sell, J.L., Trampel, D.W. e Griffith, R.W. 1997. Os efeitos adversos da infeção por *E. coli* em perus não foram atenuados pela suplementação de vitamina E na dieta. *Poultry Science* 76: 1682-1687.

Semba, R.D. 1999. Vitamina A e imunidade a infecções virais, bacterianas e protozoárias. Proc. Nutr. Soc., 58: 719-727.

Sharma, J.M. 1991. Overview of the avian immune system. *Veterinary Immunology Immuno-pathology* 30: 19-30.

Sheehy, P.J.A., Morrissey, P.A. e Flynn, A. 1993. Influence of heated vegetable oils and alpha-tocopherol acetate supplementation on alpha-tocopherol, fatty acids and lipid peroxidation in chicken muscle. *British Poultry Science* 34: 367-381.

Sheldon, B.W., Curtis, P.A., Dawson, P.L. e Ferket, P.R. 1997. Effect of dietary vitamin E on the oxidative stability, flavour, colour and volatile profiles of refrigerated and frozen turkey breast meat. *Poultry Science* 76: 634-641.

Siegel, H.S. 1987. Effects of behavioral and physical stressors on immune responses. In: Biology of stress in farm animals: An Integrative Approach, Wiepkema, P.R. e Van Adrichem, P.W.M. (Eds.). Martinus Nijhoff Publisher, Dordrecht, Países Baixos, pp 39-54.

Simaraks, S., Chinrasri, O. e Aengwanich, W. 2004. Valores hematológicos, electrolíticos e bioquímicos séricos das galinhas indígenas tailandesas (*Gallus domesticus*) no nordeste da Tailândia. Songklanakarin *Journal of Science and Technology* 26: 425430.

Sklan, D., Yosefov, T. e Friedman, A. 1989. The effects of vitamin A, beta-carotene and canthaxanthin on vitamin A metabolism and immune responses in the chick. *International Journalfor Vitamin and Nutrition Research* 59: 245-250.

Sklan, D. Melamed, D. e Friedman, A. 1994. The effect of varying levels of dietary vitamin A on Immune response in the Chick. *Poultry Science* 73: 843-847

Sklan, D., Melamed, D. e Friedman, A. 1995. The effect of varying dietary concentrations of vitamin A on immune response in the turkey. *British Poultry Science* 36: 385-392.

Sosnowka - Czajka, E., Skomorucha, I., Herbut, E., 2005. Efeito dos suplementos vitamínicos dietéticos na produtividade e nos parâmetros fisiológicos de frangos de carne expostos a uma temperatura ambiente elevada. ISAH 2: 111-114. Varsóvia, Polónia.

Surai, P.F., Ionov, I.A., Kuklenko, T.V., Kostjuk, I.A. e Macpherson, A. 1998. Effect of supplementing the hen's diet with vitamin A on the accumulation of vitamins A and E, ascorbic acid and carotenoids in the egg yolk and in the embryonic liver. *British Poultry Science* 39: 257-263

Swain, B.K. e John, T.S. 2000. Effect of supplemental methionine, choline and their combinations on the performance and immune response of broilers. *British Poultry Science* 41: 83-88.

Swain, B.K., Johri, T.S. e Majumdar, S. 2000. Effect of supplementation of vitamin E, selenium and their different combinations on the performance and immune response of broilers. *British Poultry Science* 41: 287-292.

Tappel, A.L. 1970. Proteção antioxidante biológica contra danos causados por peróxidos lipídicos. *Jornal Americano de Nutrição Clínica* 23: 1137-1139

Tengerdy, R.P., Heinzerling, R.H. e Nockels, C.F. 1972. Effect of vitamin E on the immuneresponse of hypoxic and normal chickens (Efeito da vitamina E na resposta imunitária de galinhas hipóxicas e normais). *Infection and Immunity* 5: 987-989.

Tengerdy, R.P. e Nockels, C.F. 1975. A vitamina E ou a vitamina A protegem as galinhas contra a infeção por *E. coli. Poultry Science* 54: 1292-1296.

Thaxton, P. e Siegel, H. S. 1972. Depressão da imunidade secundária por temperatura ambiente elevada. *Poultry Science* 51: 1519-1526

Tu, T.D., Phuc, K.V., Dinh, N.T.K., Quoc, D.N. e Spradbrow, P.B. 1998. Ensaios no Vietname com uma vacina termoestável (estirpe I2) em frangos experimentais e de aldeia. *Preview of Veterinary. Medicine* 34: 205-214.

Tuekam, T.D., Miles, R.D. e Butcher, G.D. 1994. Desempenho e resposta imunitária humoral em frangos de carne sujeitos a stress térmico alimentados com uma dieta suplementada com ácido ascórbico. *Journal of Applied Animal Research* 6(2): 121-130.

Uni, Z., Zaiger, G. e Reifen, R. 1998. A deficiência da função imunitária da vitamina A induz alterações morfométricas e uma diminuição da funcionalidade do intestino delgado das galinhas. *British Journal of Nutrition,* 80: 401-407.

Veltmann, J.R., Jensen, L.S. e Rowland, G.N. 1986. Excess dietary vitamin A in the growing chick: effect of fat source and vitamin D. *Poultry Science* 65: 153-163

Villar-Patino, G., Diaz-Cruz, A., Avila-Gonzalez, E., Guinzberg, R., Pablos, J.L. e Pina, E. 2002. Effect of dietary supplementation with vitamin C or vitamin E on cardiac lipid per oxidation and growth performance in broiler at risk of developing ascites syndrome. *American Journal of Veterinary Research* 63(5): 673-676.

Watkins, B.A. 1991. Importância dos ácidos gordos essenciais e seus derivados. In: *Poultry Journal of Nutrition* 121:1475-1485. Watt Poultry USA webinar.

Wen, J., McCarthy, S.N., Higgins, F.M., Morrissey, P.A., Buckley, D.J. e Sheehy, P.J.A. 1997. Effect of dietary α-tocopheryl acetate on the uptake and distribution of α- tocopherol in turkey tissues and lipid stability. *Irish Journal of Agricultural and Food Research,* 36: 65-74

Yu, B.P. 1994. Defesas celulares contra danos causados por espécies reactivas de oxigénio. *Physiological Review.* 74: 139-162.

Zulkifli, I., Liew, P.K., Israf, D.A., Omar, A.R. e Hair-Bejo, M. 2003. Effect of early age feed restriction and heat condition on heterophil/lymphocytes ratios, heat shock protein expression and body temperature of heat stressed broiler chickens. *Journal of Thermal Biology.* 28: 217-222.

More Books!

yes

I want morebooks!

Buy your books fast and straightforward online - at one of world's fastest growing online book stores! Environmentally sound due to Print-on-Demand technologies.

Buy your books online at
**www.morebooks.shop**

Compre os seus livros mais rápido e diretamente na internet, em uma das livrarias on-line com o maior crescimento no mundo! Produção que protege o meio ambiente através das tecnologias de impressão sob demanda.

Compre os seus livros on-line em
**www.morebooks.shop**

info@omniscriptum.com
www.omniscriptum.com

OMNIScriptum

MIX
Papier aus verantwortungsvollen Quellen
Paper from responsible sources
FSC® C105338

Printed by Books on Demand GmbH, Norderstedt / Germany